保健美容珍品
——蜂产品

宋心仿 编著

中国农业出版社

作者简介

宋心仿，原籍山东诸城，1953年12月出生于山东利津。高级工程师，研究员职称。从17岁开始接触蜜蜂，长期坚持工作生活在养蜂生产科研第一线，积累了大量的第一手生产与研究资料，其研究成果一项获国家科技进步三等奖，两项获省部级科技进步二等奖，八项获国家发明专利。先后出版《蜜蜂王国探秘》、《蜜蜂饲养新技术》等19部蜂学专著，发行量累计100多万册。现任东营市蜜蜂研究所所长，中国养蜂学会副理事长，中国蜂产品协会副会长，中国石油大学特聘教授，福建农林大学蜂学院兼职教授，民建山东省委常委、山东省政协委员、全国人大代表。我国知名蜂学专家。

序　言

　　读了全国人大代表、年轻有为的山东老乡宋心仿关于蜂产品的新作，使我对这一产品有了新的了解，学到了不少生活保健常识，更对一位最高国家权力机关的组成人员如此脚踏实地、以人为本的精神平添了几分钦佩。

　　早在甲骨文时期，中国就有"蜂""蜜"之说；两千多年前古罗马百科全书《自然史》也记述了蜂胶的来源、作用等。历经几千年的市场淘沙，蜂产品始终长盛不衰，说明其对大众很有用。

　　蜂产品为食药两用珍品，被誉为大众化食品和可口良药。随着人民群众生活水平不断改善，需要并有能力消费蜂产品的人会越来越多，相信这本书也会越来越受欢迎。

2012 年 5 月 28 日
于福冈至大连国航班机上

前　言

　　《保健美容珍品——蜂产品》一书即将出版发行，这是我编著出版的第 19 部蜂学作品。这些作品涉及蜜蜂饲养、蜜蜂生物学、蜜蜂精神、蜜蜂产品的生产、加工、检测及保健知识等多个方面，得到了蜜蜂行业和广大读者朋友的热切关注与好评，纷纷购买或传阅，有的先后加印了十多次，总发行量已超 100 万册，表现出广大读者对蜜蜂业及蜂产品的高度热爱和青睐，也显示出对作者的莫大厚爱与支持，使我备受鼓舞和鞭策。

　　近年来有许多读者来信来电，建议我多写一些蜂产品的保健美容作用与用法及检验方法等，于是我用近一年时间编著了该作品。该书重点简述了蜂蜜、蜂王浆、蜂花粉、蜂胶的成分特性、检验与贮存方法，着重论述了其保健、美容作用功效、应用方法及其制品、安全性能等，本意就是帮助读者了解、认识和正确使用、检验蜂产品。

　　随着人们生活水平的改善提高和保健意识的不断增强，近十几年来保健品市场异常火爆，可谓品种繁多、琳琅满目。然而，纵观前些年市场热炒的一些保健品品种和品牌，多在广告效应下热闹二三年，便很快被市场所淘汰。只有蜂产品经受住了 2 000 多年（有文字记载）的市场考验，一枝独秀，长盛不衰，至今仍然是保健品中的当家品种，这在保健品中是绝无仅有的，从而也说明蜂产品

早就深入人心，颇受喜爱。

蜂产品是最为天然的保健美容珍品，蜜蜂将自然界中的花蜜、花粉、树脂等植物精华采集回蜂巢，经过反复加工酿造，精制成蜂蜜、蜂花粉、蜂胶、蜂王浆等十几种名贵产品。这些产品出产稀罕，作用奇特，独具特色，为丰富和改善民众生活，促进民众身体健康，发挥了积极的作用，收到了显著效果。

蜂产品为食药兼备型珍品，被誉为大众化食品、广谱性良药，其魅力主要是来自于大自然，具备天然植物精华之特点，既可以被作为食品广泛应用，同时也具有一定的医疗保健作用，还有很好的养颜美容效果，且没有任何毒副作用，完全可以放心服用。

出于对保健与美容的追求，越来越多的人都想选购服用到物美价廉的蜂产品，可很多人又不知如何选购和服用，更担心购买不到纯真的蜂蜜、蜂胶、蜂王浆，本书从不同角度解答了以上担心的问题，也介绍了一些实用的方法，相信对读者会有一定裨益。

因水平有限，书中定有一些不足或谬误之处，恳请广大读者给予批评、指正！

宋心仿

2012 年 5 月于黄河口

目 录

序言
前言

第一章 蜂 蜜

蜂蜜是蜜蜂采集了蜜源植物的花蜜或甘露、蜜露，再添加进自身分泌的营养素，经过蜜蜂在蜂巢内反复酿造而成，为透明或半透明的含有多种成分的过饱和糖溶液。蜂蜜是纯真天然的大众化食品，成分复杂，特性明显，是一种历史悠久的营养保健剂和多用途药材，还可用其来保健和美容。

一、蜂蜜的成分与特性

(一) 蜂蜜的成分

蜂蜜的成分比较复杂，现已从中检测出 180 余种不同的物质。不同来源、不同品种的蜂蜜，其所含成分有所差异；即使同一来源或者同一种蜂蜜，受各种因素影响，其成分也有少量差别。蜂蜜中除葡萄糖、果糖等丰富的糖分外，还含有多种氨基酸、维生素、矿物质、酶、酸、芳香物质等有效成分，从而使蜂蜜具备了天然营养品的特点。

1. 糖类 成熟蜂蜜总含糖量达 75％以上，占干物质的95％～99％。蜂蜜中的糖分主要是葡萄糖和果糖，不同品种、浓度的蜂蜜所含糖的质量、数量有别，一般品种的蜂蜜，葡萄糖占总糖分的40％以上，果糖占 47％以上，蔗糖占 4％左右，此外，还含有一定量的麦芽糖、松三糖、棉籽糖等多种糖，其含量根据蜂蜜的来源不同而异。作为多糖的糊精在优质蜂蜜中含量甚微，只有甘露蜜才含有一定量。

糖是蜂蜜中的甜味物质，同时也是提供能量的物质，对蜂蜜的

吸湿性也发挥着作用。

2. 水分 主要指蜂蜜中的自然水分，即蜜蜂在酿蜜时保留在蜂蜜中的水分。水分含量的高低标志着蜂蜜的成熟程度，成熟的蜂蜜含水量在18%以下，一般不能超过22%。含水量22%以上的蜂蜜，其有效成分明显减少，容易发酵变质，不宜久贮。蜂蜜的含水量与采集的蜜源植物种类、流蜜量、蜂群群势、酿造时间长短、气候、贮藏方法等有关。蜂蜜的水分含量一般采用波美比重计测定，用波美度表示。

3. 氨基酸 蜂蜜中含有0.2%～1%的蛋白质合成材料——氨基酸。蜂蜜中氨基酸的含量种类很多，因蜂蜜品种及贮存条件、时间的不同，其含量比率和种类也不同。一般蜂蜜中含有下列氨基酸：赖氨酸、组氨酸、精氨酸、天门冬氨酸、苏氨酸、谷氨酸、脯氨酸、甘氨酸、丙氨酸、胱氨酸、缬氨酸、蛋氨酸、亮氨酸、异亮氨酸、酪氨酸、尼古丁氨酸和β-氨基酸等。蜂蜜中所含氨基酸主要来源于蜂蜜中的花粉。

4. 维生素 蜂蜜中维生素的含量与蜂蜜来源和所含花粉量有关。蜂蜜中所含维生素以B族为最多，每100克蜂蜜中含B族维生素300～840微克。目前已发现蜂蜜中含有硫胺素（维生素B_1）、核黄素（维生素B_2）、抗坏血酸（维生素C）、泛酸（维生素B_5）、生物素（维生素H）、吡哆醇（维生素B_6）、叶酸（维生素B_c）、烟酸（维生素PP）和凝血维生素（维生素K）等20多种维生素。所含维生素在蜂蜜呈弱酸的环境中，会有一定损失；高温、不当的过滤或贮存时间过长，都能使之遭到损坏，致含量降低。

5. 矿物质 矿物质又称无机盐或灰分，其含量占蜂蜜质量的0.03%～0.9%，其种类和含量高低受蜜源植物生长地土壤及环境影响。蜂蜜中的矿物质，其含有量和所含种类之比与人体血液成分接近。如将蜂蜜添加到食品中食用，还有利于提高人体对矿物质的摄取量，对促进生长发育以及各组织器官的新陈代谢起着重要的作用。蜂蜜所含矿物质种类较多，主要有铁、铜、钾、钠、镁、锰、磷、硅、铝、铬、镍等。深色蜂蜜矿物质含量高于淡色蜂蜜。

6. 酶类 酶是一种特殊的蛋白质，具有极强的生物活性。蜂蜜中所含酶量的多少，即酶值的高低，是检验蜂蜜质量优劣的一个重要的指标，表明蜂蜜的成熟度和营养价值的高低。正因为蜂蜜中含有较多的酶，才使蜂蜜有其他糖类食品所没有的特殊功能。蜂蜜中的酶是蜜蜂在酿蜜过程中添加进来的，来源于蜜蜂唾液，主要有转化酶、淀粉酶、还原酶、磷酸酶、葡萄糖氧化酶等。

未经蜜蜂充分酿造的蜂蜜，淀粉酶值低；蜂蜜经过高温加热或贮藏时间过久，其淀粉酶也会相应损坏；不同品种的蜂蜜其酶值不同，国际市场上认定淀粉酶值在 8.3 以下的蜂蜜为不合格商品。

7. 酸类 蜂蜜中含有多种酸，有机酸主要有葡萄糖酸、柠檬酸、乳酸等。正常的蜂蜜酸度在 3 以下，最高不超过 4，酸的存在对调整蜂蜜的风味和口感起着重要作用。由于甜的影响，蜂蜜酸味口感较淡，酸味过于浓烈的蜂蜜，多是酵母菌繁殖造成酸败所致。正常蜂蜜用比色计测量脯氨酸含量是 83~615 微克/克，喂糖蜂群生产的蜂蜜中，其含量都明显偏低。

8. 芳香物质 不同的蜂蜜具有不同的香气和味道，这是因为含有不同的芳香性成分所致。蜂蜜的香味与其蜜源植物和蜂蜜自然成熟度有直接关系。蜂蜜中芳香物质主要来源于花蜜，是从花瓣或油腺中分泌出的挥发性香精油及其酸类。德国科学家从蜂蜜中鉴定出芳香族脂肪酸有 24 种，但在此之前只报道有 4 种。研究证实，蜂蜜中主要芳香性化合物是苯乙酸，一般含量在 0.6~242.1 毫克/千克，还含有 17 种酚类、8 种醛类、7 种醇类和 9 种烃类物质。

9. 胶体物质 蜂蜜中的胶体物质是分散在蜂蜜中的大分子或小分子集合体，一般不容易被过滤或沉淀出来，是介于真溶液和悬浮物质之间的中间物。蜂蜜胶体物质主要由部分蛋白质和蜡类、戊聚糖类及无机物质组成的，决定着蜂蜜的混浊度、起泡性和颜色。浅色蜂蜜胶体物质含量在 0.2% 左右，而深色蜂蜜含量达 1%。

10. 其他成分 每 100 克蜂蜜中含有 1 200~1 500 微克乙酰胆碱，因此人们食用蜂蜜后能消除疲劳，振奋精神。蜂蜜中还含有 0.1%~0.4% 的抑菌素，从而使蜂蜜具有较强的抑菌作用，只是蜂

蜜中的抑菌素不稳定，遇到热和光便会相应地降低活力。国外研究分析了 12 种蜂蜜，证实 11 种蜂蜜中含有松属素类黄酮物质。法国学者在 44 份向日葵蜜样中，鉴定出 11 种酚和 5 种类黄酮，向日葵蜜的类黄酮平均含量为 35 毫克/千克，刺槐和向日葵蜂蜜中黄酮类物质含量最大。德国学者分析了 106 个蜂蜜样品，全部含有甘油，证实 79％的蜂蜜中甘油含量大于 200 毫克/千克。蜂蜜中还含有微量的色素、激素等其他有效物质。色素主要由胡萝卜素、叶绿素及其衍生物组成。

11. 不同品种蜂蜜的成分比较 蜂蜜品种的划分是以所采花蜜为依据的，蜜蜂采集什么花蜜就酿制成什么品种的蜂蜜。蜂蜜的品种比较多，我国能形成商品的蜂蜜有 35 种以上。不同的蜂蜜品种其成分含量亦不同，现就我国常见的 26 种蜂蜜的主要成分列表，如表 1-1 所示。

表 1-1 不同品种蜂蜜成分简表

品种	葡萄糖（％）	果糖（％）	蔗糖（％）	粗蛋白质（％）	水分（％）	灰分（％）	酸度	酶值
刺槐	30.12	44.73	2.31	0.23	17.00	0.03	1.55	13.90
紫云英	35.37	39.75	3.54	0.20	18.13	0.05	—	—
油菜	34.25	42.20	3.36	0.22	18.31	0.04	—	—
椴树	35.26	37.03	1.89	0.29	19.55	0.20	—	—
荞麦	31.10	43.91	—	1.26	22.10	0.04	—	—
棉花	38.97	42.90	0.70	0.40	14.63	0.08	—	—
紫苜蓿	36.82	39.40	2.82	0.43	17.00	0.05	—	—
枣花	33.81	42.42	2.97	0.54	16.40	0.26	2.85	23.80
荆条	32.93	41.38	4.05	0.29	17.60	0.04	2.13	17.90
苕子	32.10	42.24	3.31	0.19	17.60	0.02	1.46	10.10
向日葵	29.82	42.31	3.02	0.14	19.20	0.06	0.59	10.90
草木樨	32.07	43.95	3.05	0.25	17.90	0.13	1.59	17.90
乌桕	32.48	37.86	4.40	0.42	22.00	0.06	0.99	8.30

（续）

品种	葡萄糖（%）	果糖（%）	蔗糖（%）	粗蛋白（%）	水分（%）	灰分（%）	酸度	酶值
荔枝	35.03	41.38	1.73	0.31	18.40	0.07	1.59	—
桉树	31.11	42.40	3.83	0.22	19.0	0.10	0.79	17.9
芝麻	33.00	37.60	—	0.27	20.50	0.08		
胡枝子	29.40	41.54	3.69	0.20	19.0	0.06	0.79	10.9
柑橘	28.56	43.62	3.18	0.20	19.0	0.04	0.97	13.9
白刺花	32.1	34.00	1.50	0.16	20.60	0.12	3.45	29.10
野坝子	39.98	34.35	1.09	0.21	18.80	0.09	1.20	8.3
野桂花	32.35	44.71	1.14	0.24	19.0	0.08	2.09	
老瓜头	35.02	35.81	2.63	0.58	15.80	0.17	2.09	
毛水苏	35.06	41.69	1.22	0.14	19.0	0.07	—	8.30
党参	33.90	40.70	4.30	0.67	20.50	0.19	3.90	15.0
鹅掌柴	30.13	44.41	2.27	0.19	20.50	0.02	1.59	6.50
甘露蜜	55.87	65.89	5.27	—	16.01	1.29		

从表 1-1 中可以看出，不同蜂蜜品种其成分含量差别较大，从而直接影响到蜂蜜的用途和作用，了解了蜂蜜的成分，可有助于不同情况的消费者因质选购，以便从众多的品种中选择自己适用的蜂蜜。

（二）蜂蜜的特性

1. 蜂蜜的相对密度 新鲜成熟的蜂蜜是透明或半透明的黏稠胶状液体，由于糖分高度饱和，其相对密度较大，每 1 千克水的容积可容纳 40～43 波美度的蜂蜜 1.382 1～1.423 0 千克，浓度越高，相对密度越大。

2. 蜂蜜的色香味 因蜜源植物的种类不同，蜂蜜的色、香、味各不相同。蜂蜜的颜色有水白色、乳白色、白色和特浅琥珀色、浅琥珀色、琥珀色、深琥珀色、黄色之分。一般淡色蜂蜜清香纯

正，深色蜂蜜香浓味烈。蜂蜜有清香、芳香、馥香及平淡、浓烈等不同风味。例如：紫云英蜜、刺槐蜜水白色，清香；龙眼蜜、荆条蜜、狼牙刺蜜、柿花蜜、草木樨蜜乳白色，芳香；荔枝蜜、椴树蜜、野坝子蜜特浅琥珀色，馥香；棉花蜜、乌桕蜜浅琥珀色，平淡；荞麦蜜、大叶桉蜜深琥珀色，味浓烈。

贮存过久或不当加热都会使蜂蜜的颜色加深、香气减退并可能出现怪味。蜂蜜大多都具有香气，其香味与花香多数一致，从淡淡的清香到浓厚的芳香各有特色。蜂蜜的味道以甜味为主，不同蜂蜜甜度也不尽相同，从甘甜可口、甜而腻到辣喉等。

3. 蜂蜜的结晶 蜂蜜中的葡萄糖围绕结晶核形成颗粒，并在颗粒周围包上一层果糖、蔗糖或糊精的膜，逐渐聚结扩展，而致整个容器中的蜂蜜部分或全部成为松散的固体状，即为蜂蜜结晶。蜂蜜结晶是一种物理变化，并非变坏。

蜂蜜结晶受温度、糖分的饱和度、蜜种、结晶核（葡萄糖微结晶粒、花粉粒等）含量、贮藏时间等多种因素影响。温度较低，蜂蜜的结晶速度加快，蜜温在 $13\sim14℃$ 时最易结晶，当恢复到 $40℃$ 时，又复还原来的液体状。含水量较高的低浓度蜂蜜不易结晶或只能部分结晶，结晶部分结晶体中水分含量只有 9.1%，而没有结晶部分的水分却大大增加。油菜蜜、棉花蜜等蜜种葡萄糖含量较高，容易结晶。云南的野坝子蜂蜜可结成坚硬的晶体块，有时不用外包装尚不会变形，有硬蜜之称。而刺槐、紫云英等蜂蜜葡萄糖含量低于果糖，即使在适宜的温度下，也不易结晶。

4. 蜂蜜的发酵 蜂蜜中含有一定量的酵母菌，浓度高的蜂蜜可以抑制其活动。而含水量超过 21% 时酵母菌便会生长繁殖，将糖类分解成酒精和二氧化碳，使蜂蜜发酵，而致酸败。发酵的蜂蜜表面产生越来越多的泡沫和气体，甚至溢出容器，严重者尚可胀裂容器。

蜂蜜的发酵与其水分含量、耐糖酵母菌基数、贮藏温度以及卫生条件等有关。酵母菌在 $10℃$ 以下生长受阻，$10℃$ 以上或 $18\sim25℃$ 的温度下繁殖加快，蜜温超过 $40℃$ 时酵母菌生存受阻，将蜂蜜隔水加热到 65℃时，保持半个小时，即可杀死酵母菌，防止蜂蜜发酵酸败。

5. 蜂蜜的吸水性　蜂蜜在空气潮湿时能吸收空气中的水分，吸收的能力随蜂蜜浓度、空气湿度的增加而增加。空气干燥时蜂蜜还会蒸发出水分，蒸发出的水量，随着蜂蜜浓度、空气湿度的提高而减少。蜂蜜含水 17.4%、空气湿度 58%时，蒸发和吸收的水分基本相等。

6. 蜂蜜的黏度　在相同含水量条件下蜂蜜黏度明显大于糖蜜黏度，糖蜜黏度相对于蜂蜜黏度下降百分率与含水量有关。在相同温度条件下，下降百分率随含水量的增加而增加，当含水量达到 22.5%，下降百分率达到最大值，此后随含水量的增加反而减小，其变化范围在 19.0%～46.0%。研究证实，在恒定含水量条件下，下降百分率与蔗糖含水量有关，下降百分率随着蔗糖比例的增加而增加，而后趋于定值。蔗糖含量从 10.0%增加到 15.0%，下降百分率增加 7.0%左右，蔗糖含量分别为 15.0%和 20.0%时，二者就十分接近。

7. 蜂蜜的电导性　电导率通常表示为物质对电流的导通能力，蜂蜜的电导率取决于蜂蜜中拥有的导电离子数，这些离子主要来自水、有机酸及一些矿物质的电离现象。蜂蜜的电导率与品种有关，同种蜂蜜电导率随着其总的可溶性固体物含量的增大（或水含量的降低）而降低，经过加工的蜂蜜电导率大于未加工的蜂蜜。

8. 蜂蜜的折射性　光线由空气进入蜂蜜时，会发生折射现象。表示光线折射程度的值被称为折射率。测定蜂蜜的折射率，是鉴定蜂蜜浓度高低的一种简便而又准确的方法。蜂蜜折射率与相对密度一样，随着浓度的增大而递增，随着温度的升高而递减。蜂蜜的折射率比较稳定，蜜温 20℃时，含水量 17%～23%的蜂蜜，折射率为 1.478 5～1.494 1。

9. 蜂蜜的其他特性　蜂蜜还具有极强的渗透性、滋润性、抗氧化性、光泽性和流变学特性等。蜂蜜的渗透性尤其明显，这一特

性不仅有助于蜂蜜在美容等方面的作用，也有助于其有效成分的吸收和利用。蜂蜜的抗氧化能力尤其惊人，可起到清除人体内垃圾（氧自由基）的作用，从而使蜂蜜的抗衰老葆青春作用大大加强，开辟了更为广阔的应用天地。

二、蜂蜜的质量检验与贮存

蜂蜜质量直接影响到其作用，无论是消费、加工还是生产者，均对蜂蜜质量特别关注，尤其是在伪劣产品充斥市场的情况下，人们更是注重所选产品的质量，同时对不同品种蜂蜜的作用与用途也比较重视，下面就相关问题加以简介。

（一）蜂蜜的质量标准

由国家质监总局、国家标准化管理委员会制定，并于 2006 年 3 月 1 日正式实施的蜂蜜国家标准（GB 18796—2005），就蜂蜜的感官、等级、理化等指标作出了规定：

1. 蜂蜜的感官指标　如表 1-2 所示。

表 1-2　蜂蜜的感官指标

指标	特征
色泽	以蜜源品种不同而不同，有水白色（几乎无色）、白色、特浅琥珀色、琥珀色至深色（暗褐色）
气味	来源于蜜源植物的花香气味，单一花种蜂蜜有这种蜜源植物的花香气味
滋味	以蜜源品种不同，有甜、甜润、或甜腻。某些品种有微苦、涩等刺激味道
状态	常温下，蜂蜜成黏稠流体状，或部分及全部结晶；不含蜜蜂肢体、幼虫、蜡屑及其他肉眼可见的杂物；没有发酵征状

不同花种的蜂蜜其感官特征亦有所差异，现列举部分蜂蜜感官特征如下（表 1-3）：

表1-3　常见单一花种蜂蜜的感官特性

产品名称	蜜源植物	色泽	气味滋味	结晶状态
桉树蜂蜜	桃金娘科　桉属　大叶桉 *Eucalyptus robusta* Smith	琥珀色、深色	有桉醇味，甜，微涩	易结晶，结晶暗黄色，粒粗
	桃金娘科　桉属隆缘桉 *Eucalyptus exserta* F. Muell	琥珀色、深色	有桉醇味，甜，微酸	易结晶，结晶暗黄色，粒粗
	桃金娘科　桉属柠檬桉 *Eucalyptus citriodora* Hook. f.	琥珀色、深色	有桉醇味，甜，微涩	易结晶，结晶暗黄色，粒粗
白刺花蜂蜜	豆科　白刺花 *Sophora viciifolia* Hance	浅琥珀色	清香，甜润	结晶乳白，细腻
草木樨蜂蜜	豆科　黄香草木樨 *Melilotus officinalias* (L) Desr.	浅琥珀色	清香，甜润	结晶乳白，细腻
	豆科　白香草木樨 *Melilotus albus* Deser	水白色、白色	清香，甜润	结晶乳白，细腻
刺槐蜂蜜 （洋槐蜂蜜）	豆科　刺槐 *Robinia pseudoacacia* L.	水白色、白色	清香，甜润	不易结晶，偶有结晶乳白细腻
椴树蜂蜜	椴树科　紫椴 *Tilia amurensis* Rupr.	特浅琥珀色	味香浓，甜润	易结晶，结晶乳白，细腻
	椴树科　糠椴 *Tilia mandschurica* Rupr et Maxin	特浅琥珀色	甜润	易结晶，结晶乳白，细腻
鹅掌柴蜂蜜 （鸭脚木蜂蜜）	五加科　鹅掌柴 *Schefflera octophylla* Harms.	浅琥珀色、琥珀色	甜，微苦	易结晶，结晶乳白，细腻
柑橘蜂蜜	芸香科　柑橘 *Citrus reticulate* Blanco	浅琥珀色	香味浓，甜润	易结晶，结晶乳白，细腻
胡枝子蜂蜜	豆科　胡枝子 *Lespedeza bicolor* Turcz.	浅琥珀色	略香，甜润	易结晶，结晶乳白，细腻
荆条蜂蜜 （荆花蜂蜜）	马鞭草科　荆条 *Vitex negundo var. heterophylla* (Franch.) Rehd.	浅琥珀色	略香，甜润	易结晶，结晶乳白，细腻
老瓜头蜂蜜	萝藦科　老瓜头 *Cynanchum romorovii* Al. Iljinski	浅琥珀色	有香味，甜腻	结晶，乳白色

（续）

产品名称	蜜源植物	色泽	气味滋味	结晶状态
荔枝蜂蜜	无患子科 荔枝 *litchi chinensis* Sonn.	琥珀色	有香味，甜润	不易结晶，偶有结晶琥珀色，颗粒略粗
柃属蜂蜜 （野桂花蜂蜜）	山茶科 柃属 *Eurya*	水白色、白色	清香，甜润	不易结晶，偶有结晶乳白色、细腻
龙眼蜂蜜	无患子科 *Dimocarpus longan* Lour.	琥珀色	有香味，甜润	结晶琥珀色，颗粒略粗
密花香薷蜂蜜 （野藿香蜂蜜）	唇形科 密花香薷 *Elsholtzia densa* benth	浅琥珀色	有香味，甜	结晶粒细
棉花蜂蜜	锦葵科 陆地棉 *Gossypium hirsutum* L.	浅琥珀色、琥珀色	无香味，甜	易结晶，结晶乳白，粒细硬
	锦葵科 海岛棉 *Gossypium barbadense* L.	浅琥珀色、琥珀色	无香味，甜	易结晶，结晶乳白，粒细硬
枇杷蜂蜜	蔷薇科 枇杷 *Friobotrya japonica*（Thunb.）Lindl.	浅琥珀色	有香味，甜润	结晶乳白，颗粒略粗
荞麦蜂蜜	蓼科 荞麦 *Fagopyrum esculentum* Moen-Ch	深琥珀色	有刺激味，甜腻	易结晶，结晶琥珀色，粒粗
乌桕蜂蜜	大戟科 乌桕 *Sapiumsebiferum*（L.）Roxb.	琥珀色	甜味略淡，微酸	易结晶，结晶暗黄，粒粗
	大戟科 山乌桕 *Sapium discolor*（Champ.）Muell.-Arg	琥珀色	甜味略淡	易结晶，结晶微黄，细腻
向日葵蜂蜜 （葵花蜂蜜）	菊科 向日葵 *Helianthus annuus* L.	浅琥珀色、琥珀色	有甜味，甜润	易结晶，结晶微黄
野坝子蜂蜜	唇形科 野坝子 *Elsholtzia rugulosa* Hemsl.	浅琥珀色，略带绿色	有香味，甜	极易结晶，结晶分粗细两种，细腻的质硬
野豌豆蜂蜜 （苕子蜂蜜）	豆科 广布野豌豆 *Vicia sativa* L.	浅琥珀色	清香，甜润	结晶细腻
	豆科 长柔毛野豌豆 *Vicia villosa* Roth.	特浅琥珀色	清香，甜润	结晶细腻
油菜蜂蜜	十字花科 油菜 *Brassica campestris* L.	琥珀色	甜，略有辛辣或草青味	极易结晶，结晶乳白，细腻

（续）

产品名称	蜜源植物	色泽	气味滋味	结晶状态
枣树蜂蜜 （枣花蜂蜜）	鼠李科 枣 *Zizyphus jujube* Mill. var. *inermis.* (Bunge) Rehd.	浅琥珀色、琥珀色、深色	甜腻	不易结晶
芝麻蜂蜜	胡麻科 芝麻 *Sesamum orientale* L.	浅琥珀色、琥珀色	有香味，甜略酸	结晶乳白色
紫花木樨蜂蜜	豆科 紫花木樨 *Melicago sativa* L.	浅琥珀色	有香味，甜	极易结晶，结晶乳白色，粒粗
紫云英蜂蜜	豆科 紫云英 *Astragalus sinius* L.	白色、特浅琥珀色	清香，甜腻	不易结晶，偶有结晶 乳白细腻

注：色泽的描述采用SN/T 0852—2000中3.2条用词。依水分含量不同，色泽、气味和滋味略有不同。

2. 蜂蜜的等级划分 依理化品质不同，蜂蜜分为一级品和二级品两个等级。蜂蜜中所含水分在20％～23％，即蜂蜜在40～41.5波美度的为一级品质，一般认为是成熟蜂蜜。水分在24％～26％，即在38.5～39.5波美度的为二级品质。蜂蜜中所含葡萄糖和果糖总量不少于60％。

3. 蜂蜜的理化指标 GB 18796—2005 中规定了蜂蜜的理化要求，如下：

（1）蜂蜜的强制性理化要求，如表1-4所示：

表1-4 蜂蜜的强制性理化要求

项　　目		一级品	二级品
水分（％）	≤		
除下款以外的品种		20	24
荔枝蜂蜜、龙眼蜂蜜、柑橘蜂蜜、鹅掌柴蜂蜜、乌桕蜂蜜		23	26
果糖和葡萄糖含量/％	≥	60	
蔗糖含量（％）	≤		
除下款以外的品种		5	
桉树蜂蜜、柑橘蜂蜜、紫苜蓿蜂蜜		10	

（2）蜂蜜的推荐性理化要求　蜂蜜的推荐性理化要求，是鼓励、要求生产和销售者，自愿采用或合同双方协商规定的要求，不作为政府或官方机构强制性要求。推荐性理化要求主要指标如表1-5所示：

表1-5　蜂蜜的推荐性理化要求

项　　目		一级品	二级品
酸度（每千克含1摩尔/升氢氧化钠毫升数）	≤	40	
羟甲基糠醛（毫克/千克）	≤	40	
淀粉酶活性（1%淀粉溶液）［毫升/（克·小时）］	≥		
除下款以外的品种		4	
荔枝蜂蜜、龙眼蜂蜜、柑橘蜂蜜、鹅掌柴蜂蜜		2	
灰分（%）	≤	0.4	

（二）蜂蜜的质量检验

对蜂蜜质量进行检验的方法很多，平时主要是通过经验、感官等方法对其色、形、味等进行简易检测，有必要时可对其成分作理化检测。理化检测的方法须得有精密仪器方可进行，程序也比较复杂，不是一般单位或个人所能为，这里不作介绍。下面就几种简便易行的检验方法简述如下。

1. 经验检验法　凭经验鉴定蜂蜜质量主要有以下几种方法：

（1）外观检查　对蜂蜜稀稠、色泽、透明度进行观察，白蜜为稠厚流体，白色至淡黄色；黄蜜为橘黄色至琥珀色。夏季蜜呈清油状，半透明，有光泽；冬季不透明，并有结晶析出，味甜而纯正，无异味，无杂质者为佳。

（2）水分检查　木棒法，用木棒挑起蜂蜜，成丝状向下流淌，丝越长质量越高，如拨不成丝而是呈滴向下滴落，表明掺了水；瓶测法，用一透明玻璃瓶盛蜂蜜2/3，封严瓶口，倒转瓶子，气泡上升很快表明掺了水；相对密度检验法，选一同等容量的容器，所盛蜂蜜越重，含水量越少。

（3）杂质检查　通过目测或将蜂蜜用清水稀释，观察有无上浮杂质或有无下沉泥沙。

（4）糖分检查　掺有蔗糖的蜂蜜流质混浊，透明度差，光泽暗淡，冬季呈沙粒状，且颗粒坚硬，结晶体不显著。

（5）淀粉糊精检查　取一滴蜂蜜，用碘液滴到蜂蜜表面，如显蓝色或棕褐色，说明掺有淀粉或糊精。

（6）发酵检查　蜂蜜容量增大，表面呈现泡沫，口尝有酸味，表明已发酵。

（7）其他异物检查　将铁棒（条）烧红后，插入蜂蜜中片刻，取出，其蒸气无焦臭味则表明无异物，起烟有焦味则表明有异物。

2. 视觉检验法　通过肉眼观察蜂蜜，对其色泽、性状、透明度、结晶、杂质以及发酵情况进行评判，可在一定程度上对其质量作出结论。如发酵蜂蜜，其表层产生大量气泡；结晶蜜则有较多的结晶粒析出；掺有淀粉的蜂蜜，显得浑浊不清，透明度极差；掺有蔗糖的蜂蜜，其色泽浅淡没有光泽，甚至在桶壁或桶底有未溶化的糖粒或糖块。

还可用一些简易方法来检验蜂蜜，例如在检查时，将自己收集的标准蜂蜜样品与被测蜂蜜样品分装入桶内，观察其颜色，不同的蜂蜜颜色也不同，以颜色浅淡、光泽油亮、透明度好者为最佳。如果蜂蜜中掺入熬制的白糖，蜂蜜的颜色就会加深；掺入没有溶化的白糖时，蜂蜜中就会有颗粒出现；掺淀粉类物质的蜂蜜呈浑浊状，透明度降低。倾斜量筒时流动快的为不成熟蜜，流动慢的为成熟蜜。用两根粗细一样的玻璃棒分别插入两个量筒内，然后提起玻璃棒，向下流动速度慢、拉丝，而且断丝后往回收缩的为成熟蜜，反之则为不成熟蜜，如果在流动时出现起伏波动或有颗粒，说明掺有异物。

3. 嗅觉检验法　每种蜂蜜均有其独特的香味，通过嗅其香味或酸味以及其他异味，可以在某种程度上确定其品种和质量。纯正单一花蜜，多与其花香气味相同，如发酵变质，便有股发酵酸味或酒精味；如掺入较多的白糖或淀粉，便失去花蜜的特有香气。为了

便于通过鼻嗅准确地辨别各种蜂蜜，可事先准备各种纯正单一的蜂蜜样品，密封于小瓶中，鼻嗅检验时，可以将其作为标准对照。

4. 味觉检验法 本法也可与嗅觉检查法相配合，用于判断甜、咸、香、酸、苦、涩等各种滋味，进而确定蜂蜜自然品质的优劣，或者是否有掺假现象。蜂蜜的味道，还包括口感、喉感和余味。品尝时，以样品蜜为对照，纯正的蜂蜜味甜，有蜂蜜特有的香味，且口感绵软细腻，喉感略带麻辣感，后味悠长，给人一种芳香甜润的感觉，或有极轻微的淡酸味；惟有掺入蔗糖的蜂蜜，虽有甜感却不香，后味短暂；若掺入糖精，后味较长，但带有苦味；若掺入盐，则咸味明显；若掺入明矾，有涩口的感觉；若掺入淀粉，甜味下降，香味减弱；若掺入尿素，出现氨水的气味。

5. 触摸检验法 本法主要用于判断液态蜜的稠度和晶态蜜的真伪，以触觉鉴别"晶态蜜"的方法：取少许蜜样置于拇指与食指间搓压捻磨，如果是自然结晶蜜，手感细腻，并很快搓化结晶粒；若是掺糖的"结晶蜜"，手感粗糙，结晶粒难以溶化。另外，用木条插入蜜桶中，顺时针搅动，阻力大则含水量低；迅速提起采样管或木棒，若蜜流成线，断头回弹成珠状，蜂蜜滴下如拉丝，断丝时显现倒回钩，落下的蜜呈堆叠状，则黏度大、浓度高；反之，含水量高或掺糖。上述现象与气温有关，气温高时，蜂蜜的流动性好，会显示出含水量偏高的误差。

6. 形态检验法 根据蜂蜜的形状来判断蜂蜜的质量，主要是看其形态是液态还是晶态，以此来确定该品的真伪。这是因为，有些蜂蜜含有的果糖较高就不易结晶，如刺槐、紫云英等蜜一般是不结晶的，如果在正常情况下出现结晶，说明该品混有其他蜜种。而油菜、棉花等蜂蜜含有葡萄糖较高，往往容易结晶，贮存一段时间若不结晶或结晶不规则，即视为不正常现象，或浓度过低、水分太高，或掺有大量异物等，可予以理化分析做进一步检测。

7. 色香味检验法 蜂蜜品种的区别主要从其色、香、味等方面来确定。一般淡色蜂蜜清香纯正，深色蜂蜜香味浓烈。例如：刺槐蜜、紫云英蜜水白色，清香；枣花蜜浅琥珀色，浓香；龙眼蜜、荆条蜜、狼牙刺蜜、柿花蜜、草木樨蜜乳白色，芳香；荔枝蜜、椴树蜜、野坝子蜜特浅琥珀色，馥香；棉花蜜、乌桕蜜浅琥珀色，味平淡；荞麦蜜、大叶桉树蜜深琥珀色，味浓烈。

8. 浓度检验法 测定蜂蜜的浓度主要有以下两种方法：

（1）波美计测定法 其方法，第一步：将待检蜂蜜样品盛入500毫升量筒中，平放；第二步：将干燥清洁的波美计插入量筒样品中，任其自然下沉；第三步：待波美计不再下沉时，读其样品表面显露的刻度数，以样品温度20℃为基准，表面显露的刻度即为准确浓度数；第四步：计算准确浓度：蜂蜜样品温度每升高或降低1℃，其浓度可相应升高或降低0.0477波美度。

计算方法：

浓度表显示度数＋0.0477×增减温度数＝实际浓度

（2）折光仪测定法 其方法，打开折光仪（也称糖量仪）的光线板，在棱镜面上滴1～2滴检样蜜，然后关上光线板，将镜面对准光源，眼睛对准目镜，用于转动镜头至最清晰时，看到的明暗临界线的刻度数，即为蜂蜜含糖百分比。

9. 掺假检验法 取200克蜂蜜试样置小烧杯中，加入20毫升蒸馏水，溶解，取10毫升蜜液置于试管中，加入5毫升乙醚，摇晃混合均匀，将该混合液倾入另一试管中，取1～2毫升上表层混合液，滴入3～4滴间苯二酚盐酸溶液，摇匀，在1分钟内出现樱桃红色，即为掺假蜜。

10. 掺杂质检验法 蜂蜜的杂质，有采收时混入的死蜂、蜡屑、蜜蜂幼虫，风刮入的泥沙、草叶，存放过程保管不当落入的昆虫、灰尘、砂石等。蜂蜜中如果含有上述杂质，就会影响其色泽、透明度，破坏其质量。检查蜂蜜中的杂质，主要是通过肉眼观察，必要时，也可用60目滤器器过滤检查。另有一种方法：取少量蜂蜜放入试管，加5倍的蒸馏水溶解。静置12～24小时后观察，如无沉淀物，则为优质蜂蜜；有沉淀物则说明混入杂质。

11. 掺淀粉检验法 掺有淀粉的蜂蜜用手捻感觉滑而不黏，用口尝清淡而无味，可通过滴加碘液作显色反应测试：称取蜂蜜试样

1 克于试管中，加入 10 毫升蒸馏水，振荡溶解，加热至沸点，然后冷却至室温，加入 0.1 摩尔/升碘液 1～2 滴，若试液变为蓝色，证明蜜蜂中掺有淀粉。

12. 掺饴糖检验法 饴糖又称糖稀，掺入饴糖的蜂蜜光泽淡、透明度差、蜜液混浊、蜜味淡。掺入饴糖的可疑蜂蜜可用乙醇（酒精）测试：取蜜液 2 克加入等量净水中摇匀，注入 10 毫升 95% 浓度的乙醇，如出现乳白色絮状物质，则证明蜂蜜中掺有饴糖，其原理是饴糖中的糊精在酒精中不易溶解。

13. 掺食盐检验法 掺食盐的蜂蜜相对密度增大，但稠度低。溶有食盐的蜂蜜口尝盐味较重，食盐沉于桶底。可用 1% 的硝酸银溶液鉴别：取样品蜜 1 份，加 4 份蒸馏水，稀释后取 10 毫升放入试管中，滴几滴硝酸银溶液，若发现底部有白色沉淀物，则证明掺有食盐。

14. 掺化肥检验法 称取蜂蜜试样 1 克放在试管中，加蒸馏水 5 毫升，再加入 10% 的氢氧化钠溶液 1 毫升，振荡，用棉花塞住试管口，注意不要塞得太紧，在棉花上放一块浸湿的石蕊试纸，进行加热，若石蕊试纸变蓝，则证明蜂蜜中掺有化肥类物质。若试纸不变色，则证明无化肥掺入。

15. 掺明矾检验法 明矾也叫白矾，为无色透明的结晶体。掺入明矾的蜂蜜，蜜液澄清，透明度高，细心品尝有涩味。化学测试：在试管中倒入 2 克蜜样，用等量的蒸馏水稀释摇匀，再滴入 20% 的氯化钡溶液数滴，如果有白色沉淀产生，表明蜂蜜中掺有明矾。

16. 掺增稠剂检验法 有些人为了增加蜂蜜的浓度，在低浓度的蜂蜜中混入增稠剂（果胶、羟甲基纤维素等）。识别这种蜜的方法是：把蜂蜜取出放在手心，若无黏稠感或黏稠感较小，将木棒插入蜂蜜中向上提，拔丝较长且很细，没有倒叙钩，则证明掺有果胶。在掺入增稠剂的蜜桶中，插入木棒，提出时会出现上部有蜜团块，蜜汁向下流淌时不成直线拔丝，而呈滴状，滴的速度尤其缓慢。这样的蜂蜜放置一段时间以后，上层蜜较清，而下层蜜却是较黏稠的物质。用手持测糖仪测定时，会出现一段模糊不清的区段。

17. 铁污染检验法 取蜜样 5 毫升，加入 30 毫升的茶水中，当蜂蜜的含铁量低于 15 毫克/千克时，其引起茶水变色不甚明显；如果蜂蜜中铁的含量超过 20 毫克/千克，茶水颜色会变深，甚至成棕褐色，污染程度越重，蜜茶水色越深。

（三）蜂蜜的包装与贮存

GB 18796—2005 中规定了蜂蜜贮存与运输的要求，简述如下。

（1）贮存场所应清洁卫生，防高温、防风雨、远离污染；不得与有毒、有害、有腐蚀性、有异味、易挥发的物品同场所贮存。

（2）运输工具应清洁卫生，不得与有毒、有害、有腐蚀、有异味、易挥发的货物混装运输；防暴晒、防风雨。

蜂蜜具有酸蚀金属的特点，并有吸湿、吸附异味和易发酵变质等特性。因此，贮存蜂蜜不宜采用金属容器，应选用非金属包装容器为宜，如陶器、木桶、瓦缸、不锈钢、玻璃瓶、塑料桶等盛装较好。用作周转用的铁桶，应在内里刷上一层较厚的耐酸食用涂料，方可使用。凡镀锌桶、搪瓷桶、油桶、化工桶及漆皮脱落的铁桶均不得使用。容器使用前必须洗净、晾干，如发现有裂损不可使用。蜂蜜盛装不可过满，以容器的 80％ 左右为宜，以防转运时渗溢或受热后膨胀爆裂。各种容器包装均应封严口或箍紧桶箍，一定注意封闭严密。

蜂蜜不可露天存放，少量可置于室内阴凉处，不必特殊条件，只注意密封容器口即可。如果大量长期贮存，应注意以下几方面：①严密封闭容器口。②室温控制在 20℃ 以下为宜；湿度以 60％ 为好。③不要与其他杂物混存，更不宜与易污染或挥发性有毒物体同库存放，应保持库房清洁卫生。④注意平时经常观察，以免发酵溢出或涨破容器。⑤按蜂蜜等级、品种分档存放。

三、蜂蜜的保健功效

蜂蜜是最为天然的保健剂和美容剂，这一观点已被悠久的历史

实践所证实。早在公元前16—前11世纪的殷商甲骨文中，"蜂"和"蜜"字就已形成，说明了三千多年前我们的祖先就对"蜂""蜜"有了一定的认识并广泛应用，公元前3世纪问世的《礼记·内则》中就有食用蜂蜜的记述，《黄帝内经》中有以蜂蜜孝敬父母的记载。公元前2—前1世纪问世的《神农本草经》中，将蜂蜜列为药中上品，认为："蜂蜜甘、平，主心腹邪气、诸惊痫痉，安五脏诸不足，益气补中、止痛解毒，除众病和百药，久服强志轻身，不饥不老"。可见当时人们已对蜂蜜有了较深的研究，对其作用和用途有了一定的认识。

在之后的漫长岁月中，人们对蜂蜜的研究和应用更加深入和广泛，医圣张仲景以及著名医药学家陶弘景、姚僧垣、甄权、孟诜、李时珍等，均对蜂蜜进行了卓有成效的研究和应用，且分别流传下了不朽的论著或论断。李时珍在其《本草纲目》中对蜂蜜作出了精辟的论断："蜂蜜，其入药之功有五，清热也，补中也，解毒也，润燥也，止痛也。生则性凉，故能清热；熟则性温，故能补中；甘而和平，故能解毒；柔而濡泽，故能润燥；缓可去急，故能止心腹、肌肉、疮疡之痛；和可以致中，故能调和百药而与甘草同功"。综评李时珍观点，蜂蜜五功中，解毒、止痛属医疗范畴，而清热、补中可谓之保健，润燥则有利于美容。这五大功效可以分开来理解，也可以综合评价与利用，因为相对医疗、保健、美容来讲，蜂蜜有同步之功。

现如今，蜂蜜不仅广泛应用于人们的日常生活中，还大量应用于食品、工业、制药业、农业生产及轻工业等各个领域。蜂蜜是国家卫生部首批公布的既是食品又是药品的物质之一，具有食药兼备型特点，既有养生保健作用，又有祛病除患功能。蜂蜜的保健作用归纳起来主要有以下几方面：

（一）高热能

众所周知，糖分是人体的主要热能，而蜂蜜是饱和的糖溶液。蜂蜜中的糖分不仅含量高，而且质量好，主要是葡萄糖、果糖等单

糖，不经人体加工就可直接被吸收，具有吸收快、产热高等特点。对贫血者来说，蜂蜜是最好的营养补充剂，贫血发作严重时服用一杯蜂蜜水，症状很快就会改善，坚持服用一段时间，病体会明显好转。研究证明，1 000 克蜂蜜的产热量为 14 000 千焦，为牛奶的 5 倍。由于蜂蜜营养全、产热高，故被世人称作最佳多功能能源食品。

（二）抗菌消炎

新鲜成熟的蜂蜜对多种细菌具有较强的抑制或灭杀作用，如流感杆菌、肠道杆菌、链球菌、黄曲霉菌、沙门氏菌以及革兰氏阴性和阳性等多种致病菌。在人们的生活中，以上病菌无所不在，时常寻机侵害人体，利用蜂蜜即可以对付它们。例如肠道杆菌，总是寻找时机在肠道中作祟，造成肠道不适、疼痛或拉稀，而经常服用蜂蜜，即可以控制细菌的活动，从而避免或减轻了病变和症状，保证了肠道的正常功能和有效运作。

蜂蜜的抑菌机理主要有以下几方面：

（1）蜂蜜含有大量碳水化合物，高渗透压会导致细菌细胞脱水死亡。

（2）蜂蜜中的葡萄糖氧化酶和过氧化氢均具有抑菌活性。

（3）来自蜜源植物中的黄酮类、酚类化合物、挥发性物质和香豆素类物质具有较强抑菌作用。

蜂蜜的抗菌消炎作用，与其浓度有着直接关系，低浓度蜂蜜有抑菌作用，高浓度蜂蜜可杀灭细菌，高浓度蜂蜜算得上是天然的抗菌防腐剂，从而显现出高浓度的优势。鉴于蜂蜜的高功效抗菌消炎及防病作用，在临床上人们将之用于结肠炎、肺结核、咳嗽等疾病的治疗，临床证明，蜂蜜对于上呼吸道感染导致的咳嗽有很好的缓解和治疗作用。在外科上被用作创伤消炎止痛等，还被用来养护和保存心脏、肾脏等移植器官。研究与实践证明，用蜂蜜保养移植器官的作用远比其他营养液好。

（三）养肺润肠

蜂蜜有很好的养肺润肠功能，对上呼吸道及整个呼吸系统有着很好的滋润和养护作用，能起到保护胃肠黏膜、减少对胃肠的刺激、降低胃肠相关神经的兴奋性等效果。蜂蜜还可调节胃酸的分泌，使胃液酸度保持正常化，处于良好的运作状态。服用蜂蜜可以有效防止和治疗上呼吸道感染，对咳嗽、哮喘及支气管炎等均有很好的防治作用，对慢性胃炎、胃及十二指肠溃疡、消化不良、肺结核等疾病，均可起到缓解和治疗作用，并对鼻炎和鼻窦炎等呼吸系统疾病有一定疗效。由于蜂蜜促进了大肠的润泽性，可有效地防治各种便秘症状，不仅对老年性便秘有作用，对习惯性便秘也有很好的作用，从而显现出蜂蜜极强的滋润功效。老年人每日坚持服用60～100克新鲜蜂蜜，便可预防老年性便秘、失眠、焦虑等障碍，对防治感冒也有一定作用。

（四）解毒护肝，益脾养肾

蜂蜜的解毒作用早就被人们所认识。蜂蜜对肝脏有极好的养护作用，同时对脾脏和肾脏也有一定的补益。蜂蜜含有丰富的单糖和多种维生素、酶和氨基酸，这些物质可以不经肝脏加工合成，直接进入血液被人体吸收利用，从而大大减轻了肝脏的压力。蜂蜜所含有的单糖及其他一些微量营养素，为肝、肾、脾的正常运行提供了不可多得的养分，有利其保持积极的运行。蜂蜜所含的葡萄糖，还能增进肝脏糖原物质的贮存，促使肝脏新陈代谢能力大大加强，尤其这种糖原物质能增强肝脏过滤解毒的作用，从而有效提高了人体对各种疾病的抗御能力。

（五）强心造血功能

蜂蜜中的还原糖可直接进入血液被人体吸收利用，从而营养心肌，提高心肌的代谢，改善心肌的供血能力，使人体中红细胞及血红蛋白的含量升高，有效地促进造血功能的提高。蜂蜜有助于扩张

冠状动脉，使血液循环保持正常。心绞痛、冠心病等心脏病患者服用蜂蜜，可起到缓解症状及治疗作用。经常服用蜂蜜，还可使血压保持平衡，降低血糖和血脂，提高血液中高密度脂蛋白水平，增加血红蛋白值数，有利于预防和治疗各种心血管系统疾病。常吃蜂蜜可有效预防心血管硬化，这是由于蜂蜜中含有大量的钾元素，钾离子进入人体后有排钠的功效，故能起到维持血液中电解质平衡的作用。

蜂蜜中所含的营养成分能改善血液成分和血管壁的营养，增加血管弹性，保护和促进心脏功能；蜂蜜中的葡萄糖不仅含量高，且易被人体吸收，能改善冠状血管的血液循环，能使心血管舒张和改善冠状血管内的血液循环使血流正常。蜂蜜可提高心脏的代谢功能，改变患者的心理状态，特别是所含有的乙酰胆碱类物质，对心脏有良好的治疗作用。常服蜂蜜的冠心病患者，在情绪转好的同时，体况有明显改善，血红蛋白明显增加，心血管收缩能力加强。

（六）调节神经，改善睡眠

蜂蜜中的营养成分能滋补神经组织，使神经组织得到丰富的养分，处于健康积极的运作状态，起到了调节神经功能，改善睡眠，安神益智，增强记忆力等方面的作用。我国民间历来有"蜂蜜益神"的说法，在实践中运用蜂蜜治疗神经衰弱患者效果较好。神经衰弱者在睡前服用1～2食匙蜂蜜，可以大大提高睡眠质量，且有助于脑神经的健康和活动，对各种神经综合征也有一定的疗效。需要注意的是，用蜂蜜治疗睡眠须注意用量，晚间服用约30克蜂蜜可有助于睡眠，如果服用量过大则可致神经系统兴奋。

（七）促进组织再生

蜂蜜中含有丰富的营养物质，尤其含有一定量的生物素，能有效地促使创伤组织的再生。各种难以愈合的创面及溃疡面涂敷蜂蜜后，可显著加速愈合并使肉芽组织健康生长，同时还可起到吸湿、收敛和止痛等各种功能。正因蜂蜜的这一功能，早就被广泛应用于

外科治疗，不仅对各种硬伤有效，对感染性烧伤、烫伤、冻伤等也有很好的效果，对口腔黏膜溃疡、胃及十二指肠溃疡等都有很好的疗效。蜂蜜的这一作用，是抗菌消炎、润泽、防病等多种功能的综合体现。医生采用蜂蜜与鱼肝油混合治疗表面坏死的溃烂创伤，涂敷5天后90％的病人患处明显好转，坏死的组织开始从伤口处分离，上皮很快得到再生。蜂蜜用于外伤及溃疡面，可以有效减少创面的渗出液，并有杀菌消炎、保持创面清洁的作用，还可大大减轻患者疼痛，缩短了治疗的时间，并减少了患者的痛苦。蜂蜜能促进皮肤细胞再生，手足皲裂患者涂抹蜂蜜，可使皲裂组织加快愈合。

（八）促使儿童发育成长

由于儿童和婴儿生长旺盛，他们物质代谢的同化过程大于异化过程，这个时期特别需要大量高级糖类物质来满足生理需要。蜂蜜中含有丰富的单糖，极易被人体吸收利用，正好适用于儿童发育的需要。蜂蜜中还含有丰富的蛋白质、维生素、矿物质等，尤其含有锌、钙和磷等有效成分，并且含有各种酶等生物活性物质，这些物质对儿童的骨骼形成与发育以及增强消化系统的消化吸收能力，有着积极的促进作用。尤其值得注意的是，服用蜂蜜不仅其自身发挥作用，同时蜂蜜还可促进其他食物中锌等物质的吸收与合成，这一点对处于发育状态的婴幼儿是重要的，对有偏食、厌食的儿童更是意义重大。对营养不良性贫血的儿童，蜂蜜有着独特的作用，服用蜂蜜可使患儿提高血色素10.5％，其效果非常明显。

（九）补充钙等营养元素

蜂蜜中富含矿物质、酶类、维生素等营养成分和生物活性物质，可有效补充人体需要的各种营养，特别对人体吸收和利用钙有一定的促进作用，同时可消除和逆转缺钙对女性健康的损害。缺钙可使肾功能减弱，不利于调节人体中蛋白不足或活性减退，会对人体健康带来多种危害，乃至会造成多种疾病。蜂蜜中含钙量比较多，易于被人体吸收利用，服用蜂蜜可有效补充钙物质，并起到补

肾、利便、养肝、护胃等多种作用。妇女月经不适时，每晚睡觉前喝一杯加一勺蜂蜜的热牛奶，可以缓解或消除痛经之苦。蜂蜜中所含的镁可镇定中枢神经，帮助女性在经期中消除紧张情绪，减轻心理压力。

（十）抗氧化作用

鉴于蜜源植物品种不同，各种蜂蜜的成分也不尽相同，其抗氧化作用也就有一定差异。一般而言，酚酸含量高的蜂蜜其抗氧化能力比较强。蜂蜜专家研究了鼠尾草蜜、柳叶草蜜、桉树蜜、大豆蜜、车轴草蜜、草木樨蜜、水紫树蜜、向日葵蜜、荞麦蜜等14种蜂蜜的19个样品，特别对蜂蜜的抗氧化剂含量及其性能作了跟踪研究，发现深色的荞麦蜜、向日葵蜜、漆树蜜所含的抗氧化剂比鼠尾草蜜、柳叶菜蜜、柑橘蜜、牧草蜜等浅色蜂蜜的含量大10～20倍，每克荞麦蜜含酚类抗氧化剂多达2毫克，蜂蜜的成熟度越高，其氧化剂含量相应提高。研究证明，蜂蜜相对传统的食品保存剂在氧化性能上更有效，将蜂蜜涂于面包表面，可延长保鲜期3～5天。研究表明，蜂蜜在体外和体内均具有抗氧化作用，抗氧化活性不仅依赖于多酚类化合物，还与蜂蜜中的氨基酸含量有关。

（十一）降血压作用

蜂蜜有降血压的作用，其主要机理是：蜂蜜中含有丰富的维生素、矿物质，这些维生素和矿物质具有软化血管、扩张血管、增强血管弹性的功能，从而促使人体血液流量正常，维持人体正常血压；蜂蜜含有的果糖和葡萄糖，不仅有健脑、润肺、补肾等作用，还有调理、保养、恢复、维护人体脑、肝、肾、肺等各器官、各系统的功能，更具营养心肌和改善心肌代谢过程的作用。所以患有高血压、心脏病或动脉硬化的人，常吃蜂蜜能起到保护血管、通便降压的作用；蜂蜜中含有的氨基酸、乙酰胆碱等物质，一方面起到营养心肌等器官和组织的作用，另一方面同其他降血压物质协同发挥着降血压功效。

（十二）促进酒精分解

生活中部分人喝酒会导致脸部泛红，俗称"上脸"。这是因为皮下暂时性血管扩张所致，这些人体内有高效的乙醇脱氢酶，能迅速将酒精分解为乙醛，而乙醛有扩张毛细血管的功能。但他们体内缺少乙醛脱氢酶，导致乙醛在体内迅速积累而不能代谢，所以脸部泛红。现代研究证明，蜂蜜中含有丰富的酶类活性物质，既可有效分解乙醇，也能帮助机体转化乙醛；同时，蜂蜜中富含一种特殊的果糖，可以促进酒精的分解与吸收，因此，喝酒前或喝酒期间喝点蜂蜜，不仅有效减轻头晕、头痛等症状，还有很好的养肝护胃作用。另外，醉酒后喝一些蜂蜜可有助于醒酒。

（十三）利于孕妇保健

妇女在怀孕期间，最需要注意的，一是预防疾病，千方百计防御感冒或感染等疾病；二是补充营养，服用蜂蜜可使母子的营养供给充足及时；三是尽量保持心平气和，尽可能不要生气，防止气大伤身损肝及导致大便秘结等症结。蜂蜜被誉为是最为理想的孕妇食物，可较好预防以上三要点，因为蜂蜜不仅营养丰富，还有滋润护肝、清热润燥、安神助眠等功效。怀孕的妇女经常食用一些蜂蜜，既可提高自身体质，又可为胎儿的生长发育创造一个良好的物质和妊娠环境。

四、蜂蜜的美容功效

蜂蜜之所以得到世人的广泛喜爱，除多功能保健作用外，其奇特的美容颜面功效亦十分令人折服。因为，在人类高度文明及物质条件不断提高的当今时代，追求生活的高质量是多数人的共同愿望。所谓生活的高质量，除去有一个健康的身体、富裕的经济基础、美满幸福的家庭等条件外，容貌漂亮美丽也是一些人士所追求的重要内容，尤其一些女士把美容看作是生活中的一件大事，往往

在选择化妆品方面下一番大工夫。理想的美容化妆品首先是高效无毒，再就是天然易得，而蜂蜜正好具备这些特点。

蜂蜜是一种很好的天然美容剂，这一特点是其天然的成分与独特的特性所决定的，早在1 000多年前就被人们所认识，祖先们利用蜂蜜美容积累了大量的实践经验和方法。现代研究也证实，蜂蜜用于美容的机理是相当复杂的，其应用范畴非常广泛，作用与效果也比较理想。

总结历史经验与现代研究成果，蜂蜜的美容作用主要有以下几方面。

（一）润泽皮肤

人们的脸面等部位暴露在外，受风吹日晒等方面的影响，表面往往干燥乏泽，有些干燥性皮肤表面更是如此。干燥性皮肤者，每到春秋及干燥季节，皮肤表面就感到干燥缺水，缺乏光泽和弹性，有的表面还起皮屑，人也显得憔悴。解除这种现象的措施，关键是防止表皮水分蒸发与散失，并及时补充水分。蜂蜜有较强的润泽性，能吸收空气中的水分，不仅可以较好地防止皮肤表面水分蒸发散失，特定条件下，还可补充皮肤所需要的水分。洗澡或洗脸后将蜂蜜（或加入适量橄榄油等辅料）适量涂在脸面或其他部位的皮肤表面，轻轻按摩一会儿，蜂蜜的有效成分即可渗入到皮肤内，起到营养皮肤的作用，可使皮肤变得细嫩、滋润、光泽，富有弹性，并且还能去除眼角的鱼尾纹和黑眼圈。

（二）营养皮肤

使用美容化妆品其作用之一是营养皮肤，为皮肤提供高级适用的养分，蜂蜜恰好具备这一特点，可以达到营养皮肤的作用。这是因为，蜂蜜的营养成分均为天然营养物质，其单糖、维生素、酶类等生物活性物质有利于被皮肤细胞所吸收，能有效地改善皮肤表面的营养状态，使皮肤细腻，保持自然红润，还有利于延缓皮肤细胞的衰老，从而起到延缓或减轻皱纹等作用。经常使用蜂蜜化妆品，

可使皮肤表面显现出自然魅力，使人显得格外漂亮、特别有精神。

（三）清洁皮肤

受自然、人为等各方面因素影响，人的皮肤表面往往会不同程度地受到污染，加之人体表面分泌物的正常沉积，为细菌的繁衍滋生创造了条件，极易致使某些细菌、污物的侵蚀和危害，造成脸部等皮肤表面不洁或发生某些病变。蜂蜜有较强的杀菌消炎作用，抹敷少量蜂蜜或蜂蜜与其他辅料配制的美容品，可以有效地抑制皮肤表面细菌的感染和存活，从而起到保护皮肤、清洁皮肤的作用，有利皮肤保持光洁、亮泽和旺盛的活性。

（四）除疱祛斑

面部出现黑斑、粉刺、面疱等，既影响容貌，也带来痛苦，很多人尤其一些年轻人不时为此而烦恼。经常涂抹带有蜂蜜的美容品，有助于解除这方面的苦恼。这是因为，蜂蜜中含有多种酸类物质，这些物质具有较强的杀菌作用，加之其润泽、营养等作用，可以有效地除去或减轻脸部面疱、粉刺，也可以有助消除黑斑和其他一些面部斑点。蜂蜜为纯天然美容剂，营养全面且对皮肤无刺激，没有任何毒副作用，具有安全高效等特点。

（五）养颜美发

有一头好发是每一个人提高英姿的重要条件，而影响头发好坏的原因是多方面的，营养的作用尤其关键。蜂蜜不仅营养成分全面，且具有滋润等效果，既可保健美容，又可养颜美发。经常服用蜂蜜或蜂蜜制品，其体质会强壮起来，其容颜也会发生质的变化，面色嫩白发亮，白里透出红润；其头发变得润泽黑亮，柔性加强，脱发断发现象也会得到改善，且有助于脱发再生。蜂蜜有和百药的功能，如果与某些中草药配伍，其养颜美发作用会更好。经常使用含有蜂蜜的洗发膏洗发，可使头发乌黑亮泽，越发柔软飘顺，对脱发、断发及分岔也有很好治疗作用。

（六）葆青春，抗衰老

食用蜂蜜可以起到强壮身体，营养身体的作用，从一定意义上讲可使人显得年轻漂亮。蜂蜜有很强的抗氧化性，蜂蜜这一特性有利于清除人体内的"垃圾"——氧自由基。蜂蜜可间接刺激人体内的松果体，调节和增强人体的免疫功能，调节酸碱平衡，防止老年人多发疾病，具有葆青春、抗衰老之功。蜂蜜具有惊人的渗透性特点，这一特点对葆青春、护容颜有着积极的作用，不仅使一些营养成分得以顺利渗透进皮肤从而被有效吸收利用，还可在表面形成一层保护膜，既起到养护作用又起到滋润和隔离污染源的作用，并有助于焕发精神和提高个人形象。

五、蜂蜜的临床应用

蜂蜜不仅是营养佳品，而且是医家良药，我们的祖先自古就用蜂蜜治疗很多疾病。李时珍在《本草纲目》中阐述了蜂蜜的药用功能："清热也，补中也，解毒也，润燥也，止痛也"。"生则性凉，故能清热；熟则性温，故能补中；甘而和平，故能解毒。"现代医学将蜂蜜用于临床，也取得明显效果。蜂蜜中含有葡萄糖、维生素、激素、酶等丰富的生物活性物质，这些物质参与机体代谢，可促进细胞再生，由此可知蜂蜜是一种良好的滋补强壮剂。服用蜂蜜可促进消化吸收，增进食欲，镇静安眠，提高机体的免疫功能，增强身体免疫力。特别是对体虚无力、神经衰弱、病后恢复期、老年病、发育不良、营养不足等疗效甚好。蜂蜜还可外用，对治疗许多外科病、眼病、皮肤病等有明显效果。

（一）蜂蜜在治疗胃和十二指肠溃疡方面的应用

蜂蜜是潜碱性食物，有保护胃肠黏膜的作用，并能使胃中酸度降低，从而减少对胃黏膜的刺激；蜂蜜对胃肠有调整作用，酶类物质有助于食物的消化。

蜂蜜能滋润胃肠，对胃液的分泌有促进作用。当胃液分泌过多或过少时，蜂蜜可起到调节作用，使胃液分泌正常。服用蜂蜜溶液的温度和时间不同，产生的医疗作用也不同。饭前一个半小时服用，会抑制胃液的分泌；服用后立即就餐，反而会刺激胃液的分泌；温热的蜜水会使胃液稀释而降低胃酸，但冷蜜水能提高胃液酸度，刺激肠道运动，有轻泻的作用。

在治疗胃和十二指肠溃疡时，服用蜂蜜并配合蜂胶效果更佳。临床证明：用蜂蜜 1 500 克，兑 10％蜂胶溶液 100 毫升，搅拌均匀后内服，早晚空腹服用，每次 25～30 克，每日 2 次，1 个月内服完为一疗程，连服 2～3 个疗程，能使胃和十二指肠溃疡症状明显好转。

患有胃和十二指肠溃疡的病人，用蜂蜜治疗后，经 X 射线检查，50％的溃疡结痂，有效率达 82％。蜂蜜对其他胃肠道疾病如结肠炎、习惯性便秘、老人和孕妇的便秘亦有良好的效果，而且无任何副作用。

蜂蜜有很强的抗菌作用。山西农业大学吕效吾教授研究证实，蜂蜜的抗菌作用是由于蜂蜜中的葡萄糖氧化酶氧化了蜂蜜中的葡萄糖，产生过氧化氢，当氧化氢积累到一定的浓度，对革兰氏阳性、阴性菌等多种病菌产生杀灭或抑制作用。他还证明，不同蜂蜜对不同病菌的抑制作用有差异，棉花蜜的抗菌性能最强，可全面抑制链球菌和金黄色葡萄球菌。椴树蜜对球菌属细菌和肠道杆菌均有较强的抑制作用。另有报道：蜂蜜中所含的溶菌酶，对革兰氏阳性菌有溶解作用。蜂蜜能在 10 小时内杀死痢疾杆菌，24 小时内杀死伤寒杆菌、副伤寒杆菌。20％的蜂蜜稀释液，有抑制和杀死大肠杆菌和沙门氏杆菌的作用。因而用蜂蜜治疗肠道疾病，有显著疗效。

（二）蜂蜜在治疗呼吸系统病方面的应用

在第 25 届国际养蜂联合大会上，保加利亚学者报道了利用蜂蜜治疗 17 862 例常见呼吸道疾病的患者，治疗结果见表 1－6。医生根据不同症状选择不同品种的蜂蜜和服用方法进行治疗，取得了较理想的效果。

表 1 - 6　　蜂蜜治疗呼吸系统病效果统计

病例	症状消失（%）	好转（%）	短时有效（%）	无效（%）
慢性支气管炎	64.4	23.5	6.5	5.6
喘息性支气管炎	62	26.4	5.6	6
支气管哮喘	55.44	30.25	5.8	8.51
慢性鼻炎	82	14	—	4
过敏性鼻炎	62	22	8	8
喉炎	82	12	—	6

综合我国医学临床报道，用蜂蜜治疗呼吸道疾病也取得了显著的效果，归纳起来有以下几个方面。

1. 鼻炎和鼻窦炎　用40％的蜂蜜水溶液进行透入治疗法，给50例患者进行治疗，治疗4次以后检查，11例痊愈，18例好转，11例减轻，10例无效，总有效率达60％以上。另外，用蜂蜜涂于鼻腔患处，早晚各一次，治疗8～29天后，可使萎缩性鼻炎的鼻部痒痛及前额疼痛症状消失，鼻腔无分泌物，形成结痂，嗅觉恢复，鼻黏膜萎缩现象大有好转。慢性鼻炎、鼻窦炎还可用10％的蜜汁灌洗，使鼻塞减轻，臭味减轻，鼻痂易于擤出。

2. 上呼吸道感染　将蜂蜜雾化后，经鼻吸入，治疗上呼吸道感染有很好的效果。据报道，将10％蜂蜜水溶液雾化后让病人吸入，每次5分钟，10～15次后病人自觉症状好转，鼻腔、咽部和声带上的痂及脓汁消失。治疗结果表明，在20例病例中，只有2例无效。由此可见，蜂蜜治疗上呼吸道感染效果非常理想。

3. 咳嗽、哮喘　较轻的支气管炎连服几天蜂蜜可使咳嗽减轻或停止。治疗气管哮喘，可直接服用蜂蜜，也可将1份蜂蜜用2份蒸馏水稀释，然后装入特制的喷雾器内，雾化后由患者的鼻孔吸入，从嘴呼出，每次吸20分钟，根据病情每天吸1～2次，20天为一个疗程，治疗效果尤为显著。

中医治疗哮喘时常用的方法：采用杏仁1千克，用猪油炸黄研成末，生姜汁1千克，白糖和蜂蜜各500克混合均匀制成药丸，每

丸 10 克，每次 1 丸，视病情每天 3～6 次，效果明显。

在我国民间，蜂蜜早已被广泛用于治疗儿童咳嗽，例如由蜂蜜与百合、白萝卜、枇杷炼制成的镇咳制剂对儿童咳嗽有较好的缓解作用。2001 年，世界卫生组织推荐咳嗽和感冒患者服用蜂蜜，认为蜂蜜不仅对上呼吸道感染导致的儿童咳嗽有很好的缓解作用，而且具有价格低廉、来源广泛和服用安全等特点。

采用蜂蜜治疗儿童咳嗽时需注意：极少数儿童有可能对蜂蜜产生过敏，甚至会产生一些副作用，如神经紧张、短时嗅觉降低、爱动等症状；建议 12 个月以内的儿童服用蜂蜜应慎行，可先服用极少量做服前观测试验，并有必要对婴儿所服蜂蜜进行灭菌处理。

4. 肺结核 蜂蜜中的营养成分能补充结核的消耗，临床实践证明，病人服用蜂蜜后，患者的体重增加，精力提高，结核症状明显好转，血红蛋白增加，血沉减慢。俄罗斯研究人员用蜂蜜 100 克、猪油或鹅油 100 克、乳酸或酪酸 100 克、新鲜芦荟汁 100 克、可可粉 100 克，调匀后，每次一汤匙，每天 2 次治疗肺结核，收效甚佳。这种制剂可促进结核灶的钙化，使患者症状明显好转。

蜂蜜有润肺止咳之功效，干咳、燥咳、阴虚咳嗽等均可服用，如在蜂蜜中兑入蜂胶服用，效果会更好，对止咳、化痰、消炎均有作用。

（三）蜂蜜在肝脏病方面的应用

蜂蜜中含有大量的单糖及多种维生素、酶、氨基酸，这些物质可以不经过肝脏的加工合成，直接进入血液而被人体吸收利用。因此，蜂蜜对肝脏有很好的养护作用。在临床上经常将蜂蜜、蜂王浆和蜂胶溶液配合使用，用于治疗传染性肝炎和肝硬化等肝病，坚持服用 2～3 个月后，患者自觉症状明显改善，部分可逐渐由阳性转阴性，病情大为好转。

此外，蜂蜜对胆道疾病，如胆结石和胆囊炎亦有一定的疗效。

（四）蜂蜜在防治冠心病方面的应用

蜂蜜能够增加血管弹性，保护和促进心脏功能；蜂蜜含有大量的葡萄糖，易吸收，能起到营养心肌和促进冠状血管的血液循环。蜂蜜能够改善心脏代谢功能，改变患者的心理状态，特别是其所含有的乙酰胆碱物质，对心脏有良好的治疗作用。常服蜂蜜的冠心病患者，在情绪转好的同时，体况可明显改善，血红蛋白明显增加，心血管收缩能力加强。

现代医学研究证明，蜂蜜对神经系统有积极的调节作用，能够促进神经平衡。蜂蜜可以清除人体蛋白中的有害物质，增加酵素、脱氧化酶、转氨酶和苹果酸脱氨酶等优良成分，这也是蜂蜜防治高血压、血管硬化、血栓等疾病的原因之一；同时，由于蜂蜜能够降低胆固醇，提高新陈代谢功能，也是防治高血压、冠心病的原因。由于蜂蜜中的维生素能够促进脂肪的代谢，防止胆固醇沉积在血管壁内，因此蜂蜜有调节血脂的作用。

糖尿病是发生冠心病的危险因素之一，而蜂蜜对血糖有双向调节作用，也就防止了糖尿病患者继发冠心病。蜂蜜中所含的乙酰胆碱和葡萄糖起到了主要调节作用。蜂蜜中含有葡萄糖、果糖等优质单糖，低血糖病人服用蜂蜜可有效补充血液中糖分含量，使血液的血糖相应升高；蜂蜜中的单糖已经蜜蜂加工转化，不需人体加工可直接进入胃肠吸收，减轻了人体对糖的转化负担；蜂蜜中的乙酰胆碱等成分有降低血糖的作用，当降低血糖的量超过升高血糖的量，血液血糖就会降低。同时蜂蜜中含有的"多肽"物质，与胰岛素有同样的功效，有利于细胞对糖的吸收转化和利用，因而也就具有降低血糖的作用。

血栓是造成冠心病的重要原因之一，而蜂蜜有稀释血小板浓度的作用，又是松果体分泌荷尔蒙的刺激物，可有效预防血栓形成。老年人之所以容易得冠心病，就是因为老年人的荷尔蒙分泌量减少，因此血小板浓度居高不下，容易形成血栓。如果老年人能够坚持服用蜂蜜，特别是晚上服蜂蜜，能够有效预防清早睡醒后发生冠

心病的风险。

蜂蜜含有已知和未知的生物活性物质，包括酶类、黄酮类化合物、有机酸等，对人体组织的各种生理功能、各个器官的生理活性具有良好的调节作用，使人体的新陈代谢趋于正常，尤其可以去除肥胖症患者身上多余的脂肪，帮助人体正常的吸收营养和排除杂物，从而起到减肥的效果。

蜂蜜防治冠心病的原因，还在于能预防因过强和过长的电流干扰所致的心律失常。医学专家曾做过动物实验，将狗分成两组，一组服用蜂蜜，另一组不服用。然后向其心脏输入微波的电流，观察两组各需多少电流才会发生心律失常。实验结果显示，服用蜂蜜的一组比不服用蜂蜜组多需 28％的电流，说明蜂蜜的抗磁场和微波能力较强。

（五）蜂蜜在外科上的应用

在现代医学的器官移植手术中，应用蜂蜜保存移植器官，效果十分理想。蜂蜜不仅含有丰富的营养成分，而且具有显著的抗菌、抑菌和防腐作用。医学界根据蜂蜜的这种特性，将其应用于人体组织的保存，取得了令人满意的效果。

我国医学科技工作者用蜂蜜贮骨效果甚佳。经对蜂蜜贮存的胎骨进行测定，发现这些胎骨具有良好的生物活性。目前国内外使用的其他几种贮存骨材料的方法不仅所需设备昂贵，操作繁杂，携带不便，而且贮存时间一般不超过 1 年。利用蜂蜜贮存胎骨，不仅取材便宜，设备简单，费用低廉，而且胎骨的贮存期可达 5 年左右。

人体羊膜可用于神经肌腱损伤的修复治疗，但其保存不易，采用生蜂蜜常温下避光保存可解决这一难题。将羊膜用生理盐水冲洗干净后放入盛有生蜂蜜的容器中，避光室内常温下保存，每月做一次细菌培养和病理学检查。7 个月后将羊膜组织做切片，发现羊膜组织上皮层、基底层、实质层、纤维层及海绵层等，均无明显的组织学改变，与正常新鲜羊膜组织对照无区别。

蜂蜜在外科治疗上常被用于：外伤、冻疮、冻伤、手足皲裂、

烧伤、溃疡外伤、皮肤病等。具体治疗方法有：

1. 蜂蜜用于治疗外伤　首先用生理盐水洗净伤口，清除坏死组织及脓液，然后将高浓度的成熟蜂蜜敷于伤口表面，用胶布封闭创面，外面用绷带包扎，每3～4天换药一次，分泌液多的伤口1～2天换药一次，还可以先用10%的蜜汁清洗伤口以后，再涂蜜包扎。山西长治医学院附属医院梁权等人，用蜂蜜外擦治疗创伤及烧伤创面1 363例，平均疗程14.5天，总有效率97.5%，效果优于应用抗生素治疗的635例对照组。用新鲜蜂蜜对359例外伤和溃疡病人进行治疗，病人80%经过常规治疗均无效，而采用蜂蜜治疗后，只有1例确诊为Buruli溃疡病人未见疗效，其他358例病人均疗效显著。蜂蜜有较强的抑菌作用，治疗过程中，无菌的伤口可一直到治愈均保持清洁无菌；已感染的伤口和溃疡创面，在用蜂蜜治疗1周后也达到无菌效果。从伤口分离出的8种病菌经实验证明均对蜂蜜敏感，但从Buruli溃疡分离出的分枝杆菌对蜂蜜不敏感。蜂蜜还有促进上皮及斑痕快速吸收的作用，伤口的恶臭在蜂蜜治疗1周后逐渐消失。

2. 蜂蜜治疗冻疮、冻伤　对Ⅱ度以上有炎症又有分泌物的冻伤，用成熟蜂蜜与黄凡士林等量调制成软膏，薄薄的涂于无菌纱布上，覆盖于创面，每天2～3次，敷盖前先将创面清洗干净，敷盖后用胶布包扎固定，一般用药3～4次后，疼痛及炎症逐渐消失，4～7次就能痊愈。对于冻疮，先用温开水洗涤患处，然后涂蜜包扎，隔日换药一次，未破溃的可不包扎。

3. 用蜂蜜治疗烫烧伤　烫烧伤属常见的外科体表创伤，是指有机体因直接接触高温物体、刺激性化学物质或者受到强的热辐射时所引起的组织损伤。

蜂蜜作为天然的抗菌消炎物质，在治疗烫烧伤方面具有悠久历史，2 000多年前，我们的祖先就将蜂蜜用于治疗烫伤烧伤。现代医疗中，蜂蜜因其高效的消炎抗菌、祛腐排脓、消肿止痛、促进创面伤口愈合等作用，被广泛应用于各种体表创伤的治疗。蜂蜜应用于烫烧伤治疗的机理是多方面的，除以上消炎抗菌等作

用以外，还有另外两方面也至关重要：一是蜂蜜自身的理化性质——黏滞性、高渗透性和酸性环境；二是蜂蜜中的天然抗菌成分——过氧化氢和非过氧化氢物质。用蜂蜜治疗烫烧伤，对创面无刺激性、无毒副作用、无药物依赖性，而且医疗价格相对便宜，可有助于缓解伤口的疼痛，大大减轻病人的痛苦，且创面愈合快，疤痕不明显。

采用蜂蜜治疗烧伤方法：Ⅰ、Ⅱ度中小面积烧伤，创面经清洗处理后，用棉球蘸蜂蜜均匀涂抹。前期每天2～3次或4～5次，待形成痂后，改为每天1～2次。如痂下积有脓汁，可将焦痂揭去，创面可重新结成焦痂，迅速愈合。一般Ⅰ、Ⅱ度的烧伤涂抹2～3天后，创面形成透明痂，6～10天后焦痂自行脱落，新生皮形成，可取得明显效果。

4. 用蜂蜜治疗皮肤病 蜂蜜治疗皮肤病的机理，除蜂蜜有抑制细菌生长发育作用外，蜂蜜中的营养成分还可以改善皮肤的营养状态，其滋润作用更有利皮肤的养护。患皮肤瘙痒、红肿溃疡等皮肤病患者，可将200～250克蜂蜜加入一盆温水中，洗浴皮肤患部，每周2～3次，即可取得满意的效果。过敏性皮炎及湿疹，可用100毫升蜂蜜再加入10克氧化锌、20克淀粉制成软膏外捈，用药后可使红疹消退，渗出物减少，痒感消失，进而促进症状消失，病情痊愈。另外，蜂蜜对幼儿尿布性皮炎、脚癣亦有较好的疗效。

（六）蜂蜜治疗神经系统病

实践与研究均证明，蜂蜜具有安神益智、改善睡眠的作用，有助调理神经细胞的旺盛运转。大量的临床与实践证明，经常服用蜂蜜者的睡眠大都比较好，不仅能及时入睡，而且睡得深，梦幻少，睡眠质量高。神经衰弱患者在每天睡觉前口服一食用匙蜂蜜，可以促进睡眠，逐渐减轻失眠症状。洋槐蜜比较适合神经衰弱患者服用，改善睡眠效果比较好。此外，蜂蜜还能治疗各种神经综合征、肌痛等。

(七) 蜂蜜可促进儿童生长发育

蜂蜜中含有大量的单糖，容易被人体吸收利用，儿童适量服用点蜂蜜，有利于儿童的发育成长。婴幼儿的正常发育除需要蛋白质、碳水化合物、维生素、脂肪以外，还需要灰分，尤其是需要大量的锌、钙和磷，这些物质在蜂蜜中含量较高，也容易被人体吸收。蜂蜜还具有促进人体对磷、钙吸收的作用。

目前，我国婴幼儿常因缺铁而造成贫血。洛达克博士用蜂蜜和白糖进行了实验，结果表明深色蜂蜜能使血色素提高 10.5%，而白糖使血色素下降了 60%。因而现代医学上用深色蜂蜜预防及治疗营养性贫血，收到良好的效果。

(八) 蜂蜜可以提高记忆力

现代医学研究证明，蜂蜜对脑细胞有良好的养护作用，有助于改善大脑的运行，可提高记忆力，减轻焦虑感。医学专家对老鼠进行试验，均采用刚出生 2 个月的老鼠，分别将 10% 的蜂蜜加入老鼠的食物中，持续喂养 1 年。每隔 3 个月分别对喂蜂蜜的、喂等量白糖的、喂普通饲料的三个试验组老鼠，进行一次走迷宫试验，目的是测试其空间记忆和焦虑程度。最终得出结果是：食用蜂蜜饲料的老鼠和食用普通饲料的老鼠，能够走出复杂迷宫次数的比例为 2∶1；食用白糖饲料的老鼠走出迷宫的数量，比食用蜂蜜的老鼠少 30%，但比食用普通饲料老鼠走出的多。从而说明了蜂蜜对动物记忆力的影响。经常服用蜂蜜的老年人，不仅面色好，而且记忆力好，老年性痴呆患者比例减少，心理活动处于良好状态，焦虑程度减轻，健康程度提高。

(九) 蜂蜜在中药制剂中的应用

蜂蜜作为常用中药及中成药配料，在我国已有悠久的历史，始载于《神农本草经》，其中就已将蜂蜜制中药丸作了较为详尽的介绍。蜂蜜在中成药制剂生产中具有独特的地位，不仅其疗效比较

35

高，而且具有很好的黏合性和防腐保鲜效果，同时还具有原料易取，货源充足，价格适中，对人体无毒副作用等。蜂蜜是制备中药蜜丸和蜜灸饮片的必备原料，可与各种中草药相配伍，可以有效改变或提高某些中药材的药性，使之适应某些疾病治疗的需要。

蜂蜜也是片剂生产中一种良好的黏合剂。通常使用的中药片黏合剂有淀粉、糖浆、糊精及胶浆类等，虽然各有所长，但总体效果均不如蜂蜜。在中成药丸中加入蜂蜜，既能保留淀粉浆等的优点，又能弥补糊精黏性差的不足。蜂蜜作黏合剂的常用量为 30％～70％，其浓度与用量需按药物的性质适当调节。蜂蜜在制片剂过程中有 4 个方面的作用：①黏合作用。蜂蜜的黏性强，可以适应质地疏松、纤维性及弹性较强的植物药，一般浓度为 60％；用于胶类和黏性强的药物，一般浓度为 30％。②润湿作用。蜂蜜含有大量的碳水化合物，尤其富含果糖，对无黏性的药物，能起到润湿作用。③崩解作用。一般崩解是亲水物质，蜂蜜含有一定量的水分，具有促进崩解的作用。④润滑作用。蜂蜜含有少量蜂蜡，能减少颗粒与冲模之间的摩擦，防止颗粒压片时黏结，使压出的片剂表面光滑美观。值得注意的是，在片剂生产过程中不宜单纯将蜂蜜作为黏合剂直接加入混合机中与原料药混合，应在蜂蜜中加入适量乙醇后再加入原料，这样可明显改善其分散效果；也可先将适量的原料药粉（总量的 40％～50％）与蜂蜜适度混合，但要注意颗粒的水分控制。

中医眼科外用药的配制离不开基质，能作外用眼药基质的有蜂蜜及制甘石等多种，但以蜂蜜最为理想，制作眼药膏时效果尤佳。据古籍记载，蜂蜜有"明耳目"等功效，临床用蜂蜜治疗睑缘类和角膜溃疡取得较好疗效。这与蜂蜜能杀灭或控制细菌的繁殖，增强人体免疫功能有关；用新鲜蜂蜜滴眼，治疗表层角膜类和大泡性角膜炎也获得理想的效果。据分析，蜂蜜含锌量较高，并含有多种氨基酸等营养物质，能改善角膜营养，促进创面愈合。中药剂生产中根据这些原理，将蜂蜜用于眼科外用药制剂的配制，不仅利用蜂蜜本身的清热解毒、润燥止痛等作用，而且将其作为点眼膏配制中较理想的增效剂和防腐剂。以蜂蜜为基质制成的点眼膏，是中医眼科传统制剂特色的具体体现。据统计，目前已上报国家有关部门批准，并批量生产投放市场的 10 种中成药眼药膏制剂中，有 6 种选用蜂蜜做基质配制而成。

此外，蜂蜜可代替单糖浆用来生产止咳制剂，可与止咳药物起协同作用，能大大提高疗效，并对制剂有较好的灭菌和防腐作用。

六、蜂蜜的保健制品

蜂蜜单独服用可以起到应有的作用和预期目的，但在工、商业比较发达的今天，将之加工成制品上市出售，也更加方便人们消费。市场上蜂蜜的制品比较多，下面简单介绍一些较为知名的蜂蜜糖果、蜂蜜食品和蜂蜜饮品。

1. 蜂蜜麻糖 蜂蜜麻糖是河北省唐山地区的特产，其形如套环，片薄如纸，口感松脆，具有浓郁的蜂蜜香味，被誉为麻糖大王。

2. 蜂蜜糖衣坚果 蜂蜜糖衣坚果是把生坚果（花生米、核桃仁等），裹上蜂蜜溶液，然后包上一层蔗糖和淀粉的混合干粉，再焙烤或油炸，冷却后撒上盐即可。在制作过程中，要注意包在蜂蜜坚果上的蔗糖-淀粉混合干粉的黏度要合适。黏度过小则包附不牢固，黏度过大则不均匀；另外配比也要适当，如淀粉比例过高，则包附层过于干燥，势必使糖衣变干、破裂，如果糖的比例高，则使蘸上蜜的坚果相互黏连，在焙烤前后都可能产生结块现象。

3. 蜂蜜面包 用蜂蜜代替白砂糖制作的面包，不仅色润光泽，香甜可口，松软适中，而且具有延缓老化，膨胀力大，生产周期短，贮存期长，营养丰富的特点。

4. 蜂蜜糕点 用蜂蜜制作糕点可以提高糕点的商品性状，由于蜂蜜中含有大量的果糖，而果糖的吸湿性很强，使糕点久放不干裂，长期保持营养丰富，光润鲜亮，质地柔软，清香爽口。经常食用有健胃助食、增进人体健康之功能，尤其适宜老人、儿童及体弱

者食用。

5. 闻喜煮饼 闻喜煮饼早在明朝末年就颇有名气。文学家鲁迅先生在著作中写到："提两包闻喜产的煮饼去看友人"。可见闻喜煮饼之盛名广传。煮饼内以蜂蜜作馅，外有蜂蜜穿衣（上汁），蜂蜜使这一产品赋予了特有的魅力。

6. 蜂蜜甲鱼 将甲鱼加工后浸渍在蜂蜜中，温火熬制，使蜂蜜慢慢浸入甲鱼肉中，制成高级营养佳品，这种蜂蜜甲鱼色、香、味俱佳，并且在临床上有多方面的作用。既适用高档宾馆餐桌，也适合家庭进补食用。

7. 蜂蜜饯银耳 银耳（雪耳）作为我国菜谱中的高级汤料被中外食客所珍视。银耳含有丰富的维生素、矿物质等各种营养物质，具有滋养、强壮、润肺、生津、益气、和血、补脑、养胃、强心、治喉痛等功效。将银耳与蜂蜜加工成能贮存的食品，不仅口感良好，而且具有非常好的滋补保健功效。例如，将蜂蜜与银耳制作成蜂蜜饯银耳、蜂蜜银耳饮料，既完好保持了蜂蜜的营养成分，也具备银耳的良好作用，清香可口，营养丰富，作用奇特，便于贮藏，食用方便，深得消费者喜爱。

8. 蜂蜜酒 蜂蜜酒是以天然蜂蜜为主要原料，经过有益微生物的发酵酿造而成的，它是一种低酒精度的蜂蜜饮料，既完好保持了蜂蜜的天然成分、香味和功效，还提升了"酒"的品质，还为一些杂花蜜找到了好的出路。目前，蜂蜜酒在我国呈产销两旺势头，销量越来越大，深得消费者青睐。

9. 蜂蜜汽酒 蜂蜜汽酒是一种含碳酸气的饮料，既有蜂蜜的营养成分，又有酒的滋味和饮料的特色。蜂蜜汽酒的制作工艺有常规发酵法、充气法等多种，针对不同人群，采用不同方法可生产出不同效果、口感的蜂蜜汽酒。各种蜂蜜汽酒的共同点是含酒量低、口感好、作用佳，一般不醉人，比较适合老人、儿童和妇女饮用。

10. 蜂蜜发酵饮料 这种饮料主要是在蜂蜜中加入酵母，使其中的一部分糖分进行发酵，生成一部分酒精，然后加入醋酸菌，进行醋酸发酵，将生成的全部或部分酒精通过醋酸菌发酵，变成醋酸，酿造成一种甜酸型的有酒味的发酵饮料。这种饮料既适合普通人饮用，又是肥胖病、糖尿病患者的营养饮料，他们可以从饮料中获得维生素、必需氨基酸、微量元素等营养物质。

11. 蜂蜜健康饮料 其制作方法为：先取大蒜捣成糊状，再添加蛋黄搅拌，用文火焙干（不要焙焦），研成粉末；将以上粉末按一定比例倒入黄酒中，再按比例添加芝麻（芝麻也要焙干，研成粉末），兑入蜂蜜中，搅拌均匀，置阴暗处静置存放 6 个月，过滤后便可获得茶色透明状的上清液，即为蜂蜜健康饮料。这种蜂蜜健康饮料有较好的健身强体作用，也可用于疾病辅助治疗，主要有以下功效：增强血液循环，御热去寒，有利睡眠；有利于消除疲劳；可治神经痛、肩头酸痛；可治便秘，并使血压保持正常。

12. 蜂蜜果汁饮料 该产品选用优质的纯蜂蜜，辅以天然鲜果果汁，经勾兑、发酵等工艺制成。这种产品具有蜂蜜和某种鲜果的共有成分，口感特殊，营养丰富，经适量发酵可具乳酸风味，经常饮服既能丰富营养，增强体质，促进身体健康，还可起到提高免疫力，防病治病的功效，是人们当今尤为理想的健康饮料。

13. 蜂蜜菜汁 很多蔬菜均可生吃，因生吃更具营养，可避免因高温炒、煎、炸、蒸、煮等方式造成的营养流失或损伤。采用机榨方式将菜汁榨取出来，兑以蜂蜜制成蜂蜜菜汁，既可现制现用，也可工厂化生产，制作成别具特色的各种蜂蜜菜汁，深受消费者青睐。

14. 蜂蜜酸奶 美国等一些西方国家对蜂蜜酸奶尤为青睐，颇受消费者的欢迎。我国自 20 世纪 80 年代也涌现出多种蜂蜜酸牛奶，目前在许多大中城市，酸牛奶的销售量逐日扩大，对酸牛奶的品种、营养价值要求也越来越高。蜂蜜酸牛奶既具有可口的酸甜味和蜂蜜特有的清香味，也具有蜂蜜和牛奶双重的营养保健作用，是一种很有发展前途的高级饮料。

15. 蜂蜜醋 蜂蜜醋以其独特的风味，成为醋中上品，使用时，酸中带甜，甜而不腻，风味醇香，深受消费者欢迎。蜂蜜醋是以蜂蜜为原料，经过微生物作用将蜂蜜中的糖类物质转化为酒精，

酒精又在醋酸菌作用下转变成醋酸。蜂蜜本身就含有发酵微生物，但这些微生物数量少，发酵速度慢，因此，在酿制蜜醋时，要添加一些甜酒曲，改善醋的品质和加快发酵速度。用来酿造蜜醋的蜂蜜，一般用颜色较深的、味道欠佳的等外蜜，也可用低浓度未成熟的次质蜂蜜。

16. 蜂蜜冰淇淋　冰淇淋是一种营养丰富、香味醇厚的冷饮，许多冰淇淋厂商将蜂蜜加入冰淇淋中，其营养更丰富，风味更独特。

17. 蜂蜜冰糕　用蜂蜜代替白糖制作冰糕，营养价值明显提高，并且有显著的经济效益。近年来在北京等诸多城市，都有蜂蜜冰糕上市，颇受人们欢迎。

18. 蜂蜜粉　把蜂蜜加工成蜂蜜粉，既易于保存，又方便携带，还利于服用。将新鲜蜂蜜加工成蜂蜜粉，多采用冷冻干燥法：置蜂蜜于-25℃低温容器中冷冻24小时，把结冰蜂蜜移入真空干燥器中，在真空减压下冷却1小时，再在50℃的真空条件下沸腾干燥1.5小时，分步加温至65℃，沸腾条件下保持3～7小时（以蜂蜜性状酌定），使蜂蜜中水分排出降至6%～8%，成为半透明固体状。再将固体蜂蜜予以粉碎，使之成蜂蜜粉。这种蜂蜜粉的营养成分保持比较完好，为商品价值比较高的蜂蜜制品。

19. 固体蜂蜜　厂家生产固体蜂蜜，多配加适量辅料，如胶状淀粉、脱脂奶粉等，主要工艺是在45℃温度条件下真空干燥成固体，再以不同模型制作成不同形状的成品。固体蜂蜜块接触空气后不致变黏，携带运输方便，在常温条件下长久贮存不变质，较好保持蜂蜜营养成分，既方便销售，又方便服用。

20. 晶体蜂蜜　在国外，消费者习惯购买结晶蜜。这里介绍一种制作奶油状结晶蜜的方法：先将液体蜂蜜过滤，除去所有杂质，将蜜温保持在14℃左右，再选择新鲜易结晶的蜂蜜作为晶种，如油菜、葵花、荆条等高浓度蜂蜜，按1%的比例加入待加工蜂蜜中，人工缓慢搅拌均匀，将之分装到瓶或袋中，继续放在13～15℃的条件下，置放4～5天，然后将此蜂蜜移至18℃左右的干燥库房中存放，即可成为长期稳定结晶的晶体蜜。

21. 银杏保健蜜 银杏，又名白果，有很高的药用价值。用银杏叶与蜂蜜配伍制成银杏保健蜜，对于促进儿童大脑发育、预防各种老年性疾病的发生，改善微血管循环，延缓人体衰老等均有很好的功效。银杏保健蜜的制作，主要是选用优质蜂蜜配以银杏叶提取物，精滤而成。

22. 山楂保健蜜 山楂保健蜜是将山楂汁和蜂蜜混合后，再喂给蜂群，经蜜蜂充分酿造而成的高档保健蜂蜜，含有多种维生素及各种糖类等丰富营养成分，不仅适用于一般消费者服用，并且特别有利于儿童、老人、孕妇、运动员、高空及高温作业人员的身体保健，对肠胃等病症具有良好的医疗作用。

23. 首乌蜜 蜂蜜与药食兼用中草药结合，研制成抗衰滋补保健品，深受人们青睐，具有广阔的开发和应用前景。中医药理论和现代药理学研究证实，蜂蜜、何首乌均具有抗衰老、调节内分泌和物质代谢、降血脂、降胆固醇等多种作用，对许多老年性疾病有良好的食疗作用，可用于葆青春抗衰老、降低血脂和胆固醇、改善食欲和睡眠、防止动脉粥样硬化和头发早白等多种疾病的预防与治疗，特别适用于年老及体弱、多病者服用。其制作工艺主要是将何首乌提取液兑入蜂蜜中，再经低温浓缩而成。

24. 蜂蜜速溶茶 速溶茶的工业化生产已有近百年历史，在市场上很受欢迎。据报道，美国市场上速溶茶的销路占茶类总销量的1/3 以上。我国起步于 20 世纪 60 年代，但由于技术条件及消费习惯等因素影响，直到目前国内市场上还寥寥无几，其开发潜力巨大。蜂蜜速溶茶的制作工艺，主要是利用蜂蜜、茶叶为主要原料，配以微量薄荷油，应用微胶囊技术解决"冷后浑"问题。该产品具有止渴消暑、清热润喉、清脑明目等功效。

七、蜂蜜的美容制品

蜂蜜有营养皮肤、滋润皮肤、祛斑除皱之功效，并且渗透性

强、无刺激性，在美容养颜方面有着广阔的发展前景。蜂蜜用于美容养颜，不仅入口内服可起到一定作用，直接外涂也会产生积极的效果。蜂蜜美容的制品比较多，常见常用的主要有以下多种。

1. 蜂蜜洁面膏、洗面奶　市面上的洁面膏、洗面奶，有些品种是将蜂蜜作辅料，加入到普通洁面膏或洗面奶的配料中，在其洁面、洗面的同时，还有利于供给肌肤营养、滋润皮肤，使皮肤干净、不紧绷，更加细致、柔滑。

2. 蜂蜜柔肤水　深受消费者青睐的柔肤水或紧肤水中，有很多都加入了蜂蜜，使用后不仅使皮肤滋润、有弹性，还可补充皮肤水分，并可有效地营养皮肤，令肌肤更加水润、透亮、细腻，有光泽。

3. 蜂蜜雪花膏、蜂蜜乳霜、蜂蜜乳液　将蜂蜜添加到各种雪花膏、乳霜、乳液的配料中，制成雪花膏、乳霜、乳液等。洗浴后将其涂抹脸、手、身体等部位，可起到滋润、养护皮肤作用，长期使用可防止皮肤粗糙、皲裂，并使皮肤变得嫩白、细腻，保持自然红润。

4. 蜂蜜香皂　香皂中添加蜂蜜，可用于日常洗脸、洗手，不仅有除污作用，还有杀菌消炎、清洁和营养皮肤作用，还可用于防治因面部色素沉着而出现的雀斑或褐斑，使皮肤光泽、细嫩，且无任何刺激等副作用。

5. 蜂蜜养肤面膜　选新鲜蜂蜜 30 克、破壁蜂花粉 10 克、鲜蜂王浆 5 克、20%蜂胶酊 3 毫升，混合拌匀，调制成糊状，盛装于暗色小瓶中，为 10 次用量。晚上温水洗脸后将其涂抹于面部，20～30 分钟后洗去，隔 1 天 1 次。本品可很好地滋养皮肤，有利皮肤的养分吸收和杀菌、除斑，可增强皮肤活力，防止皮肤干燥、皲裂、粗糙，使皮肤细腻润泽。

6. 蜂蜜面膜　采用蜂蜜为原料，自行制作蜂蜜面膜，是很多人的美容养颜常规方法。主要是：将蜂蜜兑 2 倍的凉开水稀释，调匀成蜂蜜液，晚间以温水洗脸后，均匀涂抹于脸部，自然凉干后脸面便形成一层薄薄的膜，保持 20～30 分钟后洗去，隔 1 天 1 次，长期坚持,可使皮肤光泽细腻,减少皱纹,并能收紧松弛的皮肤,还可防治皮肤粗糙、黄褐斑、老年斑等症。

7. 蜂蜜鸡蛋面膜　蜂蜜鸡蛋面膜完全可以自行配制:取白色新鲜蜂蜜 20 克,鸡蛋清 1 个;先将鸡蛋清放碗中搅动至起泡,加入蜂蜜调匀即成。洗浴后将面膜均匀地涂抹在面部和手上,使其自然风干,30 分钟后用清水洗净,每周 2 次。同时伴以按摩,可刺激皮肤细胞加快养分吸收,促进血液循环,有利增强美容效果。这种面膜有润肤除皱、驻颜美容、营养增白皮肤的作用。

8. 蜂蜜美白面膜　选新鲜蜂蜜 10 克、牛奶 10 毫升、黄瓜汁 10 毫升。将以上三种原料混合,调制均匀。晚上洗脸后,将其均匀涂抹于面部,30 分钟后用清水洗去,可辅以面部按摩,每周 2 次。该面膜可润白、除皱、养颜,适用于面部肤色较黑且粗糙、干燥、起皱者。

9. 蜂蜜嫩肤驻颜膏　选用新鲜蜂蜜 100 克、蜂蜡 30 克、白羊脂 80 克、麻子仁 30 克。将蜂蜡与麻子仁分别捣烂,与白羊脂混合,放笼内蒸熟,温凉后加蜂蜜调匀即成。每天早、中、晚饭前各服 1～2 匙(因体质状况而异),温开水冲服。有嫩肤驻颜效果,还有润肠通便作用,适合中老年人健身美容养颜选用。

10. 蜂蜜润肤膏　选用白色蜂蜜 250 克、精粉 50 克、新鲜猪皮 300 克。将猪皮去毛洗净,切成小块,用沙锅文火煨成浓汁,再兑以精粉,熬成膏状,温凉后再搅入蜂蜜调匀,每天饭前各服 1 次,每次 2 羹匙约 30～40 克。本膏长期坚持服用,可滋润皮肤,减少皱纹,光泽须发。

11. 蜂蜜乌发丸　选用优质蜂蜜 250 克、桑叶 400 克、黑芝麻 100 克。将桑叶与黑芝麻分别焙干,研制成粉末,混合后兑入蜂蜜,搅制成膏,搓制成丸,每丸 10 克。早晚空腹各服 2 丸,温开水冲服。本丸有养精、乌发、止痒之功能,可用于脂溢性脱发和因精血不足引起的头发早白、头晕眼花等症。

12. 蜂蜜洗发液　选浅色新鲜蜂蜜 10 克、鲜牛奶 15 毫升。将蜂蜜与鲜牛奶混合,调匀,制成蜂蜜洗发液。洗发后将蜂蜜洗发液

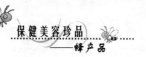
洒在头发上，用手轻轻揉搓、按摩头发和头皮，10 分钟后用清水洗去，3 天 1 次。该蜂蜜洗发液具有养发、护发作用，可使头发变得秀丽光亮。

13. 蜂蜜养颜生发丸 选蜂蜜 80 克、黑芝麻 30 克、何首乌 30 克、枸杞子 30 克。将黑芝麻、何首乌、枸杞子焙干，研成细末，混合，兑入蜂蜜搅匀，文火 80℃炼至成膏，搓制成丸，每丸 10 克。每天 2 次，每次 2 丸，早晚空腹服用。本丸有滋阴补血、提神补气、乌发长发之功效，适合体衰气短、头发早白及脱发者。

14. 蜂蜜养身驻颜膏 选色重的百花蜂蜜 300 克、人参 15 克、核桃仁 50 克。将人参以温水浸润，切碎；将核桃仁炒香捣碎，与人参一同放锅内加水适量以文火熬煮至稠，除渣后加入蜂蜜调匀，继续熬成浓膏，即成。每天早晚空腹服用，每次一羹匙。本膏适合于体弱、色黄、形瘦、须发早白、视力衰退者服用。

15. 蜂蜜养颜粥 选蜂蜜 50 克、黑芝麻 25 克、粳米 100 克。将黑芝麻炒香，加粳米、水适量煮粥，粥成食用前兑入蜂蜜，每天 1 剂，常服可收到健身养颜、乌发生发的作用，适用于气弱肤黄、白发及脱发者。

16. 蜂蜜养血乌发汤 选蜂蜜 50 克、何首乌 20 克、牛肉、黑豆各 100 克、生姜 15 克、红枣 10 粒（去核）。先将黑豆在水中浸泡一夜，然后用少许水将黑豆煮一会儿，去水，再加水将切成块的牛肉及几片生姜在锅内同煮，水沸时去除浮油及泡沫，略煮一会儿便可以加入何首乌、红枣等，煮熟时服用前调入蜂蜜，每天 1 剂。本汤有保肝、益肾、养血、乌发等功效。

17. 蜂蜜乌眉法 脱眉、少眉或眉毛发黄者，用手指甲轻轻揉挠眉部，使之充血发红，取适量蜂蜜涂抹到眉部，经常采用，可有助生黑眉。

18. 蜂蜜洗脸水 将蜂蜜与洁净温热水，以 1∶50 的配比（1 千克水兑入 20 克蜂蜜）配制成蜂蜜水溶液，用来洗脸。长期使用可使手、面光洁滋润。

19. 蜂蜜沐浴液 将蜂蜜 250 克、薄荷油少许加入浴缸中，放

入温水至将人体全部浸泡为止，浸泡 30 分钟即可，每周 1～2 次。坚持采用该浴液浸泡洗澡，令人神清气爽，能使肌肤生香、细腻光滑，消除皱纹，延缓皮肤衰老，并防止皮肤病和瘙痒症的发生。

八、蜂蜜在其他方面的应用

蜂蜜不仅在医疗保健及美容方面有突出的功效，而且在日常生活中的应用也十分广泛。下面简单介绍几种在日常生活中的应用。

（一）食品加工方面的应用

蜂蜜被广泛用于食品加工业，以蜜代糖加工而成的各种糕点，有色泽鲜润、气味芳香、甜而不腻、不易风干、延长贮存期等特点，面包中添加蜂蜜还可解决面包"硬化"等问题。以蜂蜜加工成的名特产各地都有，例如：北京茯苓饼、河北蜂蜜麻糖、山西运城糖豆角、闻喜煮饼、云南昆明的硬壳云腿月饼等。

（二）烹饪方面的应用

蜂蜜不仅有丰富的营养价值，而且气味芳香，上色黄嫩，能刺激人们的食欲，在烹饪中用于上色、增味，如做红烧肉时把蜂蜜涂在肉上，用蜂蜜做拔丝丸等，都是色香味俱佳美味佳肴。

（三）烟草方面的应用

蜂蜜中的果糖具有吸湿性，能使卷烟长久贮存不干燥，抽起来软绵、香味浓厚。在烟草工业中，生产制作高档香烟时往往会添加一些蜂蜜作为调味和润湿剂。

（四）油墨、书画方面的应用

在制造油墨中掺入适量蜂蜜，可滋润油墨，防止硬化干裂；在装裱书画工艺的托心、镶嵌、卷边、覆盖等过程中使用蜂蜜，利用蜂蜜的"性平而不挥发"及"濡泽润燥"等功用，效果甚妙。

（五）农牧业生产方面的应用

据报道，在棉花盛花期，喷洒含有蜂蜜的制剂，试验组比对照组单株成铃数平均增加 1.7 个，脱落率降低 9％，铃重增加 0.42 克，平均每公顷棉田增收 382.5 千克皮棉。

用蜂蜜液饲喂家蚕幼虫，显著提高了家蚕幼虫的茧质、千克茧粒数、全茧量等。在家畜饲养中，有人将蜂蜜添加到畜禽饲料中，其效益提高显著。

九、蜂蜜的使用注意与安全性

蜂蜜作为食品和良药，可直接入口食用，也可添加到食品、饮料、菜肴中食用，还可用其制作成饼干等各种制品。蜂蜜有和百药的功能，用其熬制成各种药丸，不仅功效高作用强，且利于长久存放。用之作中药"引子"，还可大大提高药效。蜂蜜糖类成分中含有85％～95％的葡萄糖和果糖等单糖，所以蜂蜜不需要消化就可直接被人体吸收。由于蜂蜜营养丰富，容易消化吸收，因此是老人、儿童、运动员、重体力劳动者和病弱者的理想食品，被营养保健专家誉为"健康之友"、"糖中之王"。许多科学试验和实践证明，蜂蜜的食用方法对其营养保健作用和医疗效果有着直接影响，食用蜂蜜大有讲究，只有科学的食用方法才能充分发挥蜂蜜的营养保健和医疗功效。

（一）蜂蜜的使用注意

1. 食用方法 新鲜成熟的蜂蜜可直接食用，也可将其配制成水溶液，因为水溶液比纯蜂蜜更易被吸收。但绝对不可以用开水冲或高温蒸煮蜂蜜，因为不合理的加热，会使蜂蜜中的营养物质遭到严重破坏，使蜂蜜中的酶失活，颜色变深，香味挥发，滋味改变，食之有不愉快的酸味。研究表明，在蜂蜜营养成分中酶类尤其是淀粉酶对热极不稳定，淀粉酶值降低则证明蜂蜜特有的香味和滋味受到破坏而挥发，抑菌作用下降，营养物质被破坏。因此，蜂蜜最好使用 40℃以下的温开水或凉开水稀释后食用，特别是在炎热的夏季，用冷开水冲蜂蜜饮食，能消暑解热，是很好的清凉保健饮料。在进餐时将蜂蜜涂抹在面包、馒头上，也可把蜂蜜加在温热的豆浆、牛奶中，调和后一并饮下。还可将蜂蜜拌在凉菜中或以其兑矿泉水、纯净水饮料，清香可口，营养丰富。

不同的服用方法，所起的作用亦不同。蜂蜜若用凉水冲服，则具有清热、润燥、解毒的作用；而用热水（不宜超过 40～60℃）冲服，则补益脾胃，促进消化，适合于脾胃虚弱的人。正常情况下，蜂蜜是以"生"服为主，即新鲜蜂蜜不必加热就服用，这样可保全蜂蜜的营养成分不致损坏，有利于得到充分利用。个别情况下有的蜂蜜出现发酵现象必须加热灭菌时，应采用隔水加热法，有条件的可采用隔水加热釜，家庭少量灭菌可将蜂蜜置于盆中，放在锅中蒸，蜜温达 60～65℃时保持 15～30 分钟，酵母菌即被杀死。60℃蜜温不会导致维生素和酶等活性物质失活，有效地保持了蜂蜜的营养成分和作用。熬药或特殊条件下高温加工处理，酶等活性物质大部分被破坏，其作用主要来源于其各种糖类和矿物质等稳定成分。

2. 食用时间　蜂蜜的食用时间大有讲究，一般均在饭前 1～1.5 小时或饭后 2～3 小时食用比较适宜。但对有胃肠道疾病的患者，则应根据病情确定食用时间，以利于发挥其医疗作用。因为科学研究和临床实践证明，蜂蜜对胃酸分泌有双重影响，当胃酸分泌过多或过少时，蜂蜜可起到调节作用，使胃酸分泌活动正常化。如在饭前 1.5 小时食用蜂蜜，它可抑制胃酸的分泌；如在食用蜂蜜后立即进食，它又会刺激胃酸的分泌；温热的蜂蜜水溶液能使胃液稀释而降低胃液酸度，而冷蜂蜜水溶液却可提高胃液酸度，并能刺激肠道的运动，有轻泻作用。因此，胃酸过多或肥大性胃炎，特别是胃及十二指肠溃疡的患者，宜在饭前 1.5 小时食用温蜂蜜水，不仅能抑制胃酸的分泌，而且能使胃酸降低，从而减少对胃黏膜的刺激，有利于溃疡面的愈合；而胃酸缺乏或萎缩性胃炎的患者，宜食用冷蜜水后立即进食；神经衰弱患者在每天睡觉前食用蜂蜜，可以促进睡眠，因为蜂蜜有安神益智和改善睡眠的作用。

3. 食用量　食用蜂蜜的一般剂量是，成年人每天食用 60～100 克较为适宜，最多不可超过 200 克，分早、中、晚三次食用，以较大剂量为例，早晨 30～60 克，中午 40～80 克，晚上 30～60 克；儿童每日食用 10～30 克为宜。用于治疗时，以 2 个月为一个疗程，即可收到显著效果。服用量的大小，主要区别于服蜜目的及需要，正常情况下，用于治疗时用量稍大一点，保健时用量视情形少一点，同时还需根据服用者的身体实际及具体情况灵活掌握，用量过小达不到相应的效果，用量过大也没必要，需因人而异。

（二）蜂蜜的安全性

蜂蜜是大自然赐予人类的天然食品与良药，正常情况下食用蜂蜜是安全的，对蜂蜜的食用量没有严格要求，也没有测定致死量。但是，如果人们在选择或购买蜂蜜时，购买食用了被污染或者假冒伪劣的产品，就可能会引起不同程度的安全问题。

1. 药物污染　蜂蜜中的药物主要来源于蜜粉源及环境污染和蜂群饲养过程蜂药的污染，特别是杀虫剂、杀螨剂和抗生素类药物的污染。杀虫剂、杀螨剂中的有机磷、有机氯类药物，对人体神经系统、内分泌系统、免疫功能、生殖机能有不可忽视的危害；长期食用抗生素超标的蜂蜜，也会使其在体内产生积累。氯霉素、青霉素、链霉素、磺胺类等抗生素在体内积蓄，有可能对胎儿、新生儿、孕妇产生不良影响，对人体造血系统产生毒性；严重者还可引起听力系统、肾功能、视力减退、牙齿和骨骼发育等方面的危害。

2. 重金属等其他污染　蜂蜜在采收、运输和加工、贮存过程中，还可能造成其他方面的污染。例如，采用铁皮桶生产或贮存蜂蜜，蜂蜜的酸性成分会腐蚀铁皮生锈，会导致蜂蜜中重金属含量超标，也就不同程度地影响了食用者的健康。所以说，蜂蜜在生产及贮存时的用具及包装非常重要，应选用陶瓷、搪瓷、木质或不锈钢类为好。

3. 肉毒杆菌污染　经有关部门检测，极个别蜂蜜中偶尔会检出肉毒杆菌。而肉毒杆菌可对 1 岁以下的婴儿造成危害，可引发不同程度中毒，对成人和大龄儿童无害。因此，为安全起见，婴儿和

孕妇选择蜂蜜要慎重，一定要选择无污染、无异味的蜂蜜。

4. 毒蜜 从理论上讲，雷公藤、紫金藤等花蜜酿造的蜂蜜，食用后会出现口干、恶心呕吐等中毒症状。不过，这些有毒植物比较稀少，极少形成成片的蜜源面积，更难以生产出商品蜜，毒蜜中毒现象极少发生，文献有这方面记载，现实中却一般见不到。

5. 添加其他成分 某些厂商为了牟取暴利、促进销售，还向蜂蜜中添加各种成分，如钙、铁、锌等，号称"老年蜜"、"儿童蜜"；还有各种各样的"人造蜂蜜"、"蜂蜜制品"，这些非纯蜂蜜中，添加成分更多，失去了天然的特性，消费者在选择时一定要谨慎，不要被五花八门的宣传所蒙蔽。

6. 禁忌证 一般痰湿内蕴、中满痞胀、湿热积滞、肠滑泄泻者慎食蜂蜜。糖尿病人在医生指导下可适量食用蜂蜜。

第二章　蜂　王　浆

蜂王浆，亦称蜂乳或蜂皇浆，是适龄工蜂食用了蜂蜜、花粉等营养物质，在蜂群需要时从其营养腺中分泌出来的高级物质，是蜜蜂幼虫和蜂王的专用食品，珍稀名贵，作用奇特，为食药兼备型珍品。

蜂王浆的开发比较晚，自 20 世纪 50 年代末方被人们初步认识，但对其研究与利用的进展则相当快。进入 70 年代，蜂王浆已是家喻户晓、人人皆知的保健佳品，得到全世界范围的广泛应用和高度评价，被世人公认为"长寿因子"。蜂王浆的长寿作用在蜂群中就得到证实：蜂王与工蜂均由受精卵发育而成，自始至终食用蜂王浆的幼虫，经 16 日发育成生殖器官健全发达的蜂王，一生忙忙碌碌，产卵不止（繁殖期每日可产卵 2 500 粒，日产卵总重量是其体重的 2.5 倍），其寿命长达 6～8 年；而工蜂在小幼虫期食用蜂王浆，3 日后改食蜂蜜和花粉的合成物，经 21 天发育出房（生殖器官不健全），在活动季节只能活 45～60 天，冬眠状态下可活 120～160 天。同样的发育基因，同样的发育、生存环境和条件，只是食用蜂王浆与否，而致其体质、功能均有如此大的区别，其寿命竟相差五六十倍，可见蜂王浆对发育及寿命的影响是何等之大。

一、蜂王浆的成分与特性

（一）蜂王浆的成分

蜂王浆的成分相当复杂，一般水分含量 62.5％～70％，干物质占 30％～37.5％。干物质中含蛋白质 36％～55％，转化糖 20％以上，脂肪 7.5％～15％，矿物质 0.9％～3％，还有一定量的未知物质。蜂王浆中含有人体必需的各种氨基酸和丰富的维生素，以及无机盐、有机酸、酶、激素等多种生物活性物质。

1. 蛋白质 蛋白质是生命的起源。蜂王浆中蛋白质含量相当高，其中 2/3 是清蛋白，1/3 是球蛋白，其含量与人血液中的清蛋白、球蛋白比例相同。日本专家做了蜂王浆干物质中蛋白质含量的分析，结果证明，水溶性蛋白质占 15%～20%，水不溶性蛋白质占 15%，透析性蛋白质占 16%～20%。科学家于近年从蜂王浆中分离出含有葡萄糖、甘露糖的糖蛋白，为蜂王浆中蛋白质家族增加了新的成员。

2. 氨基酸 氨基酸是蛋白质的基本成分。蜂王浆中含有 20 多种氨基酸。除蛋氨酸、缬氨酸、亮氨酸、异亮氨酸、赖氨酸、苏氨酸、色氨酸、苯丙氨酸等人体本身不能合成、又必需的氨基酸外，还含有丰富的精氨酸、组氨酸、丙氨酸、谷氨酸、天门冬氨酸、甘氨酸、胱氨酸、脯氨酸、酪氨酸、丝氨酸、γ-氨基丁酸等。科学家分析了蜂王浆中 29 种游离氨基酸及其衍生物，脯氨酸含量最高，占总氨基酸含量的 58%。

3. 维生素 蜂王浆中含有丰富的维生素，以 B 族维生素为最多。其中有维生素 B_1、维生素 B_2、维生素 B_6、烟酸、泛酸、肌醇、叶酸、生物素等多种。乙酰胆碱的含量也相当高，每克蜂王浆中含量达 1 毫克之多，从而对蜂王浆的使用价值产生着重要作用。

蜂王浆与牛奶的维生素含量和种类有较大的差别，据日本松香光夫分析的结果表明，蜂王浆中的维生素不仅种类比牛奶多，而且含量可高出数十倍。

4. 有机酸 蜂王浆的有机酸主要有脂肪酸（至少有 26 种游离脂肪酸）、壬酸、癸酸、亚油酸等诸多重要酸类物质。蜂王浆中还含有丰富的 10-羟基-$\triangle^2$-癸烯酸，这种成分为其他物质所没有，故被称作王浆酸。10-羟基-$\triangle^2$-癸烯酸是蜂王浆的代表物质之一，含量达 1.4%～4%，分离出的纯品呈白色晶体，在新鲜蜂王浆中多以游离形式存在；性质比较稳定，有极强的杀菌、抑菌作用，并有较高的抗癌功能。癸烯酸的存在大大提高了蜂王浆的食用及医疗效应。

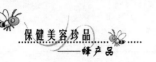

5. 激素 蜂王浆中含有调节生理机能和物质代谢、激活和抑制机体、引起某些器官生理变化的激素，从而使蜂王浆应用于治疗风湿病、神经官能症、更年期综合征、性机能失调、不孕症等，并产生着重要作用。由于蜂王浆中激素的种类和含量尤为合理，加之服用量比较恒定，所以不足以引起机体产生副作用。蜂王浆所含激素主要有性激素、促性激素、肾上腺皮质类固醇、肾上腺素等，还含有类胰岛素的激素，此类物质有降低血糖的作用。

6. 酶类 蜂王浆含有丰富的酶类，其中主要的有异性胆碱酯酶、抗坏血酸氧化酶、酸性磷酸酶、碱性磷酸酶，此外还有脂肪酶、淀粉酶、转氨酶等重要酶类。蜂王浆之所以对乙酰胆碱、甘油三丁酸酯等多种物质有分解功能，就是其中各种酶在起作用。

7. 磷酸化合物 每 1 克蜂王浆中含有磷酸化合物 2～7 毫克，其主要组成是能量代谢不可缺少的 ATP（三磷酸腺苷）。ATP 是能量的源泉，ATP 对加强调节机体代谢，提高身体素质，防治动脉硬化、心绞痛、心肌梗塞、肝脏病、胃下垂等病症，有着显著的疗效和较强的补益。

8. 无机盐 无机盐，亦称矿物质或灰分。蜂王浆中含有无机盐种类相当多，每 100 克蜂王浆干物质中含有 0.9 克以上，有的高达 3 克。其中钾 650 毫克、钠 130 毫克、钙 30 毫克、镁 85 毫克、铜 2 毫克、铁 7 毫克、锌 6 毫克，还有锰、钴、镍、硅、铬、金、砷，等等。

9. 脂类 蜂王浆中含有大量的脂肪酸，据日本松香光夫报道，每 100 克蜂王浆干物质中含有脂肪酸 8～12 克，其中皮脂酸占 15%；羟基癸烯酸 25%；羟基癸烷酸 5%；软脂肪酸 5%；油酸 5%。每 100 克蜂王浆干物质中还含有 2～3 克其他脂类，其中苯酚占 30%～50%，蜡占 30%～40%，还有磷脂、糖脂、24 - 亚甲基胆固醇等。

10. 糖类 蜂王浆干物质中含有 20%～39% 的糖类，其中主要有葡萄糖，占含糖总量的 45%、果糖占 52%、麦芽糖占 1%、龙胆二糖占 1%、蔗糖占 1%。

11. 其他成分 蜂王浆中还含有丰富的乙酰胆碱,其含量是蜂蜜的 100 倍。1957 年,著名化学家布特南非从蜂王浆中分析出生物蝶素等新的成分,每 100 克蜂王浆中含量为 1 毫克。另外,蜂王浆中还含有其他一些已知名的和未知名的成分。未知物质含量达 2.84%～3.00%,至今尚不被人们所认识,有待科学家进一步去研究挖掘。

(二)蜂王浆的特性

新鲜蜂王浆呈乳白色或淡黄色,只有极个别的呈微红色。蜂王浆颜色的深浅,主要取决于生产期间的蜜粉源植物及其老嫩程度和质量的优劣。产浆期间所采蜜粉源植物的花粉色重,移虫后取浆时间较长,或存放时间过长、存放方法不当,引起变质及掺有伪品的蜂王浆颜色较深,反之则淡。就蜜粉源植物而言,花粉色浅的油菜、紫云英、刺槐、荆条、椴树等花期,所产的蜂王浆呈乳白色或淡黄色;花粉色较重的荞麦、桉树、山花椒等花期,所产的蜂王浆呈微红色。

新鲜蜂王浆为半透明的糊浆状,为半流体,呈朵块形花纹,有光泽,手感细腻、微黏,无气泡,无杂质。具有独特的芳香气味,微香甜,较酸、涩,有股较浓重的辛辣味。

蜂王浆部分溶于水,与水可形成悬浊液;不溶于氯仿;部分溶解于乙醇,产生白色沉淀,放置一段时间后产生分层;在浓盐酸或氢氧化钠溶液中全部溶解。

蜂王浆的密度略大于水,但低于蜂蜜,pH 为 3.5～4.5,酸度在 53 毫升/100 克以下。蜂王浆对热非常敏感,在常温下放置 1 天,新鲜度明显下降;在常温下放置 15～30 天,颜色变成黄褐色,而且发出强烈的恶臭味,并产生气泡,使所含蛋白质部分被破坏;在高温下,于 130℃左右很快就会失效。而在冷冻条件下则比较稳定,在 0℃条件下贮存 6 个月,其色、香、味等不会发生很大变化,对质量影响有限;在 -2℃的冰箱中可保存 1 年,在 -18℃冷冻状态下可保持几年,仍可正常食用。新鲜王浆有很强的吸氧能

力，但在－18℃时不吸氧。说明鲜蜂王浆中富含生物活性物质，对温度尤为敏感，不适用加热处理。

蜂王浆中的生物活性物质极其娇贵，是极不稳定的天然成分。空气对蜂王浆能起到氧化作用，水蒸气对其起水解作用，因此应尽量将蜂王浆与空气和水蒸气隔绝。此外，光线对蜂王浆起催化剂作用，可致其醛基、酮基发生还原，故贮藏蜂王浆应避光、密闭、冷存。

蜂王浆中有双折射特性物质存在，而且相当稳定。将蜂王浆置于偏振光显微镜下，可观察到淡黄色、蓝绿色、红色、绿色、蓝紫色的五色光彩。这种现象在其他蜂产品中都不存在，并且无论是冷藏蜂王浆、暴露在空气中的蜂王浆以及加热过的蜂王浆，均能见到双折射现象，蜂王浆的这一特性比较稳定。

二、蜂王浆的质量检验与贮存

蜂王浆含有丰富的生物活性物质，受生产条件、贮存方法、时间等多方面因素影响，极易失活和变质，了解其质量及检验和贮存方法，有助于认识、选购和正确保存蜂王浆，可使之全面发挥其应有的作用。

（一）蜂王浆的质量标准

我国于 2009 年 1 月 1 日起正式实施的蜂王浆国家标准（GB 9697—2008），对其质量等级等提出了如下要求。

1. 感官要求

（1）色泽　无论是黏浆状态还是冰冻状态，都应是乳白色、淡黄色或浅橙色，有光泽。冰冻状态时还有冰晶的光泽。

（2）气味　黏浆状态时，应有类似花蜜或花粉的香味和辛香味。气味纯正，不得有发酵、酸败气味。

（3）滋味和口感　黏浆状态时，有明显的酸、涩、辛辣和甜味感，上腭和咽喉有刺激感。咽下或吐出后，咽喉刺激感仍会存留一些时间。冰冻状态时，初品尝有颗粒感，逐渐消失，并出现与黏浆状态同样的口感。

（4）状态 常温下或解冻后呈黏浆状，具有流动性。不应有气泡和杂质，如蜡屑等。

2. 理化要求 根据理化品质，蜂王浆分为优等品和合格品两个等级。理化要求如表2-1。

表2-1 产品等级与理化要求

指 标		优等品	合格品
水分（%）	≤	67.5	69.0
10-羟基-Δ^2-癸烯酸（%）	≥	1.8	1.4
蛋白质（%）		11~16	
总糖（以葡萄糖计）（%）	≤	15	
灰分（%）	≤	1.5	
酸度（每100g含1摩尔/升氢氧化钠毫升数）		30~53	
淀粉		不得检出	

3. 安全卫生要求 蜂王浆产品应符合国家法律、法规和政府规章要求，符合国家有关标准规定的安全卫生要求。

（二）蜂王浆的质量检验

掌握蜂王浆的检验方法，对其质量进行科学的鉴定，是正确认识和合理利用蜂王浆的先决条件。蜂王浆的检验方法可分作感官检验与理化检测两方面，一般验收多以感官检验的方法，可凭经验及简单的工机具来实现；对有怀疑的检品或出口等需要，则必须通过高精度的仪器和复杂的理化检测方法来完成。基层验收人员和广大消费者所需的是感官及简易检验技术，这里作一简要介绍。

1. 感官检验

（1）目测 在光线充足、白色背景下，用清洁的用具取出蜂王浆，观察其颜色、状态和有无气泡、杂质和发霉变质，正常情况

下，新鲜优质的蜂王浆应为乳白色或淡黄色，而且整瓶颜色应均匀一致，有明显的光泽感。由于受蜜源植物花种、取浆时间等方面影响，个别的也有呈微红色，并非变质。蜂王浆在常温下放置过久或已经变质，颜色就会加深变红，无光泽；蜂王浆中掺入奶粉、淀粉类物质或滑石粉等，一般颜色苍白，光泽差；掺有糊精或合成浆糊则呈灰色、蓝灰色，无光泽，无新鲜感。

新鲜蜂王浆呈微黏稠乳浆状，为半流体，外观酷似奶油。手工采收的蜂王浆呈朵状花纹，机械采收、过滤后或贮存过久的，朵状花纹消失或不明显。正常蜂王浆微黏稠，稀薄者含水量较高。如果有浆水分层现象，则说明蜂王浆中掺水或已开始变质；如果蜂王浆过于稠，可能掺有糊精、奶粉等物质，说明是假的。新鲜蜂王浆无气泡，如果发现蜂王浆表面产生气泡，有两种可能：一种是倒浆时产生的，这种气泡较大、量小、弄破后消失。一种是发酵产生的，这种气泡小、量多，严重的还会从瓶盖上溢出来。纯净蜂王浆应无幼虫、蜡屑等杂质，在蜂王浆表面及瓶外盖与内盖之间等处无霉菌，瓶内外清洁卫生，看上去令人赏心悦目。

（2）鼻嗅　新鲜蜂王浆有浓郁而纯正的芳香气味，即略带花蜜香和辛辣气。受蜜源植物花种的影响，不同品种的蜂王浆气味略有不同，不过差距不大。高质量的蜂王浆，气味纯正，无腐败、发酵、发臭等异味。如发现蜂王浆有牛奶味、蜜糖味或腐败变酸等其他刺激性异味，证明已变质。

（3）品尝　取少许蜂王浆放于舌尖上，细细品味，新鲜蜂王浆应有酸、涩、辛、辣、甜等多种味道。味感应先酸，后缓缓感到涩，还有一种辛辣味，回味无穷，最后略带有一点不明显的甜味。酸、涩和辛辣味越明显，蜂王浆的质量就越好；若酸、涩和辛辣味很淡，则说明蜂王浆的质量差或掺假；若一入口就有冲鼻、酸辣强烈味或尝到涩味并有点发苦，说明蜂王浆味道不纯正、不新鲜了；如果蜂王浆甜味明显，说明已掺入蜜糖等；酸感浓而刺舌的，可能掺有柠檬酸。

（4）手捻　取少许蜂王浆用拇指和食指捻磨，新鲜蜂王浆应有细腻和黏滑的感觉。如手捻时有粗糙或硬砂粒感觉，说明掺有玉米面、淀粉等异物；冷冻的蜂王浆，由于蜂王浆中的重要成分王浆酸易结晶析出，所以手捻时可感到有细小的结晶粒，但能捻化结晶体。手捻对黏度感觉比较小，黏感过大是不正常的。

2. 简易检测

（1）水分检测 用洁净的竹筷，插入盛蜂王浆容器的底部，轻轻搅动后向上提拉，如果竹筷上黏附蜂王浆数量较多，向下流淌速度慢，说明稠度大，含水量少；如竹筷上黏附的王浆数量少，向下流淌速度快，说明浆稀，水分含量高，如浆水分离，说明掺了水。

（2）pH 检测 新鲜蜂王浆的 pH 是 3.4～4.5，pH 升高或下降，均表明蜂王浆贮存时间长短及贮存方法的好坏和腐败与掺假程度。贮存时间过长、贮存方法不当，腐败变质或掺有柠檬酸等物质的蜂王浆，其 pH 增高；掺有淀粉、浆糊、乳品的蜂王浆其 pH 下降，质量降低。测定 pH，较简便的方法是试纸测定，撕一块试纸插入蜂王浆中片刻，取出，根据其显示的颜色与标准色板对照，即知 pH。简便、易行，适宜验收时采用。精确的方法是采用 pH 计来测定，一般试验室均可进行。

（3）折光度检测 采用阿贝折光仪测定，在 20℃时，折光度为 25.5%～27.5%，若蜂王浆中混入蜂蜜、糖分等其他折光性物质，会使折光度增大。

（4）显微镜检测 使用显微镜检查蜂王浆中有无蜡片、虫体碎片等杂质异物是很有必要的，一般用 15 倍的低倍显微镜进行观察，即可达到显微镜检查的效果。

（5）表面张力 蜂王浆有一定的表面张力，在 25℃时，为 50～55 达因/厘米。如果王浆老化或贮存不当、腐败变质，其表面张力增大。掺入淀粉等假品，也会使蜂王浆的表面张力发生变化。

（6）掺滑石粉检测 将 1 克蜂王浆溶解在 1% 氢氧化钠 10 毫升溶液中，纯正蜂王浆是透明的；如掺有乳品者则呈浑浊液（不透明）；掺滑石粉者则有白色沉淀物。

（7）掺牛奶检测 取检样少量，加 10 倍蒸馏水搅拌稀释，煮

沸冷却后加食盐适量，若出现类似豆浆状的絮状物，即表明蜂王浆中掺有牛奶或奶粉。

（8）**掺淀粉或糊精检测** 取检样少量，置于试管内加蒸馏水10倍稀释，煮沸冷却后加碘酒数滴，若出现蓝色、绿色或紫红色，则说明蜂王浆中掺有淀粉或糊精类假品。

（9）**掺其他异物检测** 将蜂王浆用文火灼烤，如果冒青烟、结块较透明并呈棕色，带有焦蛋白味，说明送检蜂王浆纯正；如果灼烤时冒黑烟，结块发黑并有刺鼻的烧焦味，证明送检蜂王浆中掺有其他物质。

（三）蜂王浆的包装与贮存

蜂王浆尤为珍奇名贵，含有大量高级生物活性物质，极易失活和变质。外界因素对蜂王浆的品质成分变化产生着决定性作用，许多自然因素足可导致蜂王浆腐败变质。根据其特性，归纳起来，蜂王浆有"七怕"：一怕热、二怕光线、三怕空气、四怕细菌污染、五怕金属、六怕酸、七怕碱。以上因素直接对蜂王浆的质量产生着不同程度的影响，在贮存过程中稍有不慎就会使其遭受危害。

蜂王浆对热特别敏感，夏日在常温下放1天，其新鲜度便明显下降，常温下存放几十个小时便有发酵现象，再持续下去就会腐败变质。光线对蜂王浆犹如催化剂，对其醛基、酮基可起还原作用；空气对蜂王浆能起氧化作用；水蒸气对蜂王浆起水解作用。蜂王浆呈酸性，与金属起化学反应，在碱性物质中可以溶解。蜂王浆能抑制或杀灭细菌，但对酵母菌特别敏感，在一定条件下极易发酵变质。蜂王浆的这些特点，对其贮存带来一定麻烦和困难。因此，要想存放蜂王浆，方法必须得当。

1. 盛装容器 存放蜂王浆绝不可用金属包装，如铁、铝、铜等金属容器。这类容器易与蜂王浆产生反应，从而导致变质和损失。盛装蜂王浆不宜用透明容器，以暗棕色玻璃瓶或乳白色、无毒塑料瓶为宜，使用前要洗净、消毒并晾干。消毒可采用酒精浸洗的方法，也可高温蒸、煮。采用玻璃瓶时，最简便的方法是在开水中烫煮一会儿，沸开情况下，持续 20～30 分钟，一般杂菌即可被杀死。盛浆时容器可以装满，尽量不留空余，口盖要拧紧，外用蜂蜡或橡皮膏密封，减少其与空气接触，避免产生氧化反应。

2. 低温贮存 贮存蜂王浆的最好方法是低温冷冻，以冷库、冰柜（箱）贮存为宜。贮存温度要求在 -20℃ 以上，较短时间贮存以 -7～-5℃ 为宜，长期存放应保持在 -18～-10℃。实践证明，-7～-5℃ 条件下保存一年其营养成分变化甚微，-18℃ 条件下贮存数年基本没什么变化。短期限存放，其温度也不能高于 0℃，实验证明，2℃ 条件下保存时间不得超过 21 天，再延长时间就易变坏。这就说明，贮存蜂王浆必须要求低温，根据贮存时间最好恒定在一定低温下，不可忽高忽低，以免影响贮存效果。

3. 辐射贮存 采用 ^{60}Co 辐照蜂王浆，也可起到保鲜的目的。实验证明，将装瓶的批量蜂王浆，以 40 万伦琴的剂量辐照后，在常温下保存 90 天，与在 0℃ 条件下同期保存的对照相比，其 pH、微量元素及口味没什么区别，新鲜度基本一样。用 ^{60}Co 辐照保鲜蜂王浆，不会引起挥发物质损失，无任何残留，还可节省能源、人力，并且方便、快速、经济实用。

4. 养蜂场或临时存放 生产蜂王浆的养蜂场一般远离电源或没有冷冻设备，在生产后应及时交售，不可在蜂场久存。如果当天交售不掉或临近又没有冷存设备，可采用以下方法暂时存放 2～3 天，最长不可超过 4 天。没有冷存条件的家庭短期存放时，也可采用以下方法。

（1）地坑保存 在蜂场驻地的室内或荫凉处挖坑半米，将盛王浆的容器口密封，外用塑料袋捆扎，放入坑内，用土掩盖。

（2）深水井保存 将盛蜂王浆的容器封闭好，使水不能浸入，将其放入水桶内，用网封住桶口以绳子拴吊沉入深水井底层。

（3）蜜桶保存 将盛蜂王浆的容器密闭封口，沉入装有蜂蜜的蜜桶中。

三、蜂王浆的保健功效

蜂王浆作为一种天然营养滋补剂，属食药兼备型珍品，可广泛应用于身体保健领域。

（一）抗衰老，葆青春

大量试验和长期实践证明，蜂王浆有极强的抗衰老、葆青春作用。这是因为，蜂王浆有促进细胞再生的作用，可使衰老或受损的细胞重新恢复活力。蜂王浆是极好的自由基消除剂，含有丰富的超氧化歧化酶（SOD）和大量的还原性维生素 C、维生素 E 和黄酮类化合物等，这些物质可抑制自由基的形成，并且有较强的清除能力。有人拿果蝇作试验，加喂蜂王浆的平均寿命可达 15.5 天，而饲以同等饲料只是未兑蜂王浆的，经过 13.3 天就全部衰老死亡，使其寿命延长 16.5%。日常生活中，有些老年人服用蜂王浆后，气色好转，精神旺盛，焕发出第二青春的表现。

（二）增强免疫功能

蜂王浆可提高人及各种生命体的免疫功能，长期服用蜂王浆不仅可以强身健体，还可帮助肌体产生抵御疾病的抗体，将一些病灶消灭在萌芽之中。试验和实践证明，蜂王浆对骨髓、胸腺、脾脏、淋巴组织等免疫器官和整个免疫系统，产生着直接而又积极的作用，可使免疫器官和整个系统处于旺盛的运作状态，随时以充足的实力击退某些病菌的侵害和诸多病原体。这是因为，蜂王浆中含有16 种以上的维生素、20 多种氨基酸以及大量的核酸、微量元素和蛋白类活性物质，这些物质不仅能刺激机体产生抗体，使血清总蛋白和丙种蛋白含量显著增加，同时还刺激淋巴细胞进行分裂，使免疫细胞得到转化和增殖，白细胞和巨噬细胞的吞噬能力增强，从而大大提高了肌体细胞的免疫能力。专家总结蜂王浆对免疫系统有三大功能：一是均衡人体，调整内分泌，从而稳定免疫系统；二是有自然消除功能，可以清除人体内的有害物质，保护免疫系统；三是提供维生素、矿物质及其他特殊成分，营养免疫系统。

（三）促进生长发育

蜂王浆可促使幼龄动物加快生长，从而缩短了发育期，且发育完全，正常健康。实践证明，蜂王浆对患病婴儿均有极好的促进生长发育作用，婴儿服用蜂王浆后，改善了营养结构，增强了抗逆能力，加之蜂王浆中特种成分的作用，可使生长迟缓的婴儿加快发育进度。

科学家曾选用 10 只同龄的小白鼠作过对比试验。试验之初，其中 5 只较差体质者总重量为 435 克，每日每只在常规饲料中加喂 20 毫克鲜王浆；另外 5 只较好体质者总重为 461 克，饲料中不加蜂王浆作对照。两组在同一比较差的环境条件下饲养。30 天后，饲喂蜂王浆的小白鼠体质好转，食欲大大提高，活泼爱动，毛色发亮，总重达到 639 克，增长率为 47%；而不喂蜂王浆的对照组，在一周后发现其活动力明显弱于饲喂蜂王浆组，30 天后总体重为 571 克，增长率为 23.9%，其生长发育率平均低于饲喂蜂王浆组 23.1%。

（四）促进受损组织再生

蜂王浆对受损的肝组织有很好的养护作用，肝病患者服用蜂王浆有特殊的功效和作用。有人将大白鼠的部分肝脏切除后，每日在饲料中加服 2% 蜂王浆蜜 3 克，其功能恢复明显加快，体重增加也非常显著。术后 14 天检查称重，试验组比对照组每只体重增加 7.6 克，30 天后增加 31 克，血清及肝转氨酶活动均大大优于对照组，表现出蜂王浆神奇的功效。蜂王浆对受损的肾组织有很强的治疗功效。动物试验证明，肾组织遭受损伤后服用蜂王浆，恢复效果和速度显著提高。用发育中的小鼠对照做试验，14 天后服用蜂王浆组肾组织重量为对照组的 2.5 倍，体重比对照组增加 2 倍以上。

（五）提高思维力和抗逆力

服用蜂王浆能促使大脑得到充足的营养和氧气，显著提高大脑的神经胶质细胞数量，从而提高人们的思维力、记忆力和抗逆力。脑力劳动者及考试前的学生服用蜂王浆后，自身感觉良好，不仅感到耳聪目明，思路敏捷，记忆力增强，精神紧张状态明显缓解，精力充沛，而且病患减少，体质健康，很少得病。蜂王浆中含有丰富的蛋白质和多种氨基酸以及大量的维生素与微量元素等，为大脑合成神经胶质细胞提供了必要的优质原料，大大增加了脑细胞的数量及活动量，这是提高人们思维力及记忆力的重要原因之一。

蜂王浆的抗逆作用主要表现在抵御病害及恶劣环境方面。在缺氧试验中，饲喂蜂王浆的小鼠在缺氧状态下，平均存活时间为 27.5 ± 6.12 分钟，而对照组为 21.1 ± 3.78 分钟；耐高温试验证明，试验组在 40℃ 高温条件下仍能顽强存活数小时，而对照组在此温度下则很快死去。

（六）抑癌抗癌

蜂王浆有极强的抑癌、抗癌作用。这种作用主要来源于蜂王浆中的酸性物质，如 10 -羟基- $\triangle^2$ -癸烯酸、α -壬烯酸、癸二酸等，这些活性物质能刺激环腺苷酸的合成，可使被肿瘤细胞破坏的蛋白质结构恢复正常，使肿瘤难以形成。蜂王浆中的类腮腺激素以及维生素 A、维生素 C、维生素 E 和硒、钼、锰等微量元素等，均对癌细胞的分裂具有较强的抑制作用。专家将癌细胞与蜂王浆注射液同期注入小鼠体内，12 个月后仍能健康存活，有癌症反应的只有极少数；而对照组则全部发生癌变，21 天便全部死于癌症，最短的只存活了 9 天。据大量资料报道，蜂王浆对腹水癌、淋巴癌、乳腺癌等均有较好的防治作用，对白血症的防治效果也比较好。蜂王浆的抑癌作用高于治疗，健康人或初患者服用蜂王浆可有效地预防癌变发生，某些晚期癌症患者服用蜂王浆，可以起到延缓病变，延长生命的作用。

(七) 改善睡眠和提高性功能

蜂王浆含有丰富的氨基酸。其中有多种是脑神经的递质，能够抑制或兴奋大脑细胞，能有效地调理人体神经系统的平衡，迅速消除睡眠障碍，使大脑做到劳逸结合。在大脑需要休息时，起到抑制脑细胞活动作用，使之进入催眠状态，并使睡眠深沉、轻松，有利于较快地解除疲劳。

蜂王浆在蜂群中主要是用来哺喂蜂王和小幼虫的，可致蜂王的雌性器官大量产生卵细胞，故在临床上十分适用于女性，可以较快地提高女性的生理机能，用于性功能衰退、不孕症等疗效显著。由于蜂王浆含有一定量的促性腺激素，服用后对男性和女性均有提高性欲望和性能力的作用，还可起到延缓性中枢衰老的功能。蜂王浆可以提高精子的活力，这是因为蜂王浆中的三磷酸腺苷（ATP）及果糖，为提高精子活力提供了最好的能源。蜂王浆对精子的形成和成熟有很强的促进作用。给尚未成熟的小鼠注射蜂王浆，5 天后发现其卵巢重量增加。给果蝇饲喂蜂王浆，可使其产卵提高 1 倍以上。专家指出，1 克蜂王浆的雌激素作用，约相同于 0.05 毫克雌酮的功效。可见蜂王浆恢复和提高性功能是非常显著的。

(八) 抗菌消炎

蜂王浆对多种病菌及炎症均有抗御和治疗作用，早在 1938 年，国外学者就报道了蜂王浆的这一奇效。专家采用每毫升含鲜王浆 7.5 毫克的王浆液，即可起到抑制大肠杆菌、金黄色葡萄球菌、枯草杆菌、结核杆菌、星状发癣菌、表皮癣菌、巨大芽孢杆菌和变形杆菌的生长，对革兰氏阳性菌和化脓菌的抑制作用也比较强，其效果可与青霉素作比较。蜂王浆对乙型链球菌高度敏感，对白色葡萄球菌中度敏感，对肺炎双球菌低度敏感。蜂王浆的抗菌作用主要起源于所含有的脂肪酸及其皂化物质，将其 pH 调整到 4.5 时抗菌效果最强，再高则逐渐下降，pH 调至 7 时最弱，到 8 时抗菌作用基本消失。

蜂王浆有消炎止痛作用，这一点已经大量临床实践所证实，一般情况，用药 3 小时后其消炎作用就显现出来，24 小时后炎症明显好转。医疗报告证明，用蜂王浆治疗风湿性关节炎，服用 2～3 天症状减轻，继续服用 20～30 天，可收到理想的效果。

（九）抗辐射，抗化疗

对癌症病人采取放疗和化疗，是行之有效的医治方法，但是，该方法在医治病变的同时，对一些健康细胞也有损伤。对接受放疗、化疗的病人加服蜂王浆，不但可以提高放疗、化疗效果，使之得以坚持做完整个疗程，还可有利于病人的体力恢复。这是因为，蜂王浆能使遭到抑制或损伤的巨噬细胞激活和白细胞增多，其提高免疫力和抗逆力的作用在这时得到了体现。

蜂王浆的抗放疗、化疗作用，20 世纪 60 年代就在德国、保加利亚等国家被引起广泛重视，国外有经验的医生对病人进行放疗或化疗时，往往建议病人同时服用蜂王浆。专家将体质基本相同的小白鼠平均分为两组，一组加喂蜂王浆，每天 20 毫克，另一组食用常规饲料作为对照，同期给予足以致命的^{60}Co 照射，剂量为 60.4 伦琴/分钟，结果：对照组在接受放射第 11 天相继全部死亡，而试验组则坚持到第 19 天才出现死亡。从而证明了蜂王浆的抗放射奇效。

（十）提高造血功能

蜂王浆有改善造血系统的功能，这是由于它所含的铜、铁元素为血红蛋白的合成提供了原料，蜂王浆中的 B 族维生素复合体进一步促进了这一作用的功效。动物实验证明，蜂王浆能促使造血功能保持旺盛的活力，有助提高血液质量，可显著增加红细胞及血红蛋白、网状组织细胞的数量，能使血小板数量提高，促使血液中甘油三酯等有害成分降低，血液中各指标恢复正常值。

（十一）降血糖作用

蜂王浆能调节动物的血糖含量，故对糖尿病、高血脂有很好的防治作用。试验证明：对人为造成高血糖的小鼠，给服蜂王浆 2～6 小时后，血糖分别降低 35.6％及 40.3％，与对照组比较有显著差异。其作用机制，主要是蜂王浆含有几种胰岛素多肽类物质，这是蜂王浆降低血糖作用的有效成分，可促进胰岛素分泌，促使胰腺 B 细胞增殖，保证人体胰岛素的正常分泌和释放，从而起到调节血糖，使糖的代谢活动得以正常进行。临床报告证明，使用蜂王浆治疗糖尿病患者 38 例，其中显效 23 例，好转 12 例，3 例无效，总有效率为 92.1％。

（十二）增强呼吸功能

蜂王浆能使肝脏耗氧量增加。动物试验证明，服用蜂王浆的病鼠，平均比对照组可增加耗氧量 77％。在各种组织中，耗氧程度能反映呼吸系统的强度，因此蜂王浆能增加动物肝脏线粒体的呼吸功能，并对保护肝脏和增强呼吸功能有着良好的作用。在临床上，人们多以蜂王浆治疗支气管炎、哮喘、肺结核及感冒等呼吸系统疾患，收效较佳。

（十三）强化心血管系统

蜂王浆对心脏有很好的调养作用，试验证明，将口服蜂王浆滴到蟾蜍裸出的心脏上，可使心脏跳动时间大大延长；给每只青蛙注射 1.5％～5％蜂王浆 0.5～1.0 毫升后，发现青蛙心振幅增加，2～3 分钟后越发明显，使心脏收缩能力明显提高。给家兔按每千克体重用 30 毫克蜂王浆灌服，可使家兔心脏收缩振幅加大，其作用可持续数小时。现实生活中，心力衰弱及冠心病等心脏病患者，服用蜂王浆后，效果尤为明显。

蜂王浆有利于调节血压，有助于高血压患者的血压恢复正常；蜂王浆对血管有扩张和修复作用，使有血管障碍的患者，症状得以缓解。研究发现，蜂王浆的降压作用，与其含有的乙酰胆碱有关；同时，服用蜂王浆后，不但增强了营养，同时也改善了营养结构，提高了身体素质，这是调节血压的重要条件。鉴于此，人们用蜂王

浆来防治高血压、低血压、冠心病、心律不齐、心肌炎、心肌梗塞、脑中风、脑血栓等病症，效果较好。

(十四) 防治动脉粥样硬化和高血脂

关于动脉粥样硬化和高血脂的防治，人们多以饮食和药物来解决。按常规讲，这种疾病不能滋补，从而形成了消化与营养的矛盾。国内外学者经过反复实验证明，蜂王浆对动脉粥样硬化和高血脂有良好作用，很好地解决了这个矛盾，为防治动脉粥样硬化和高血脂开辟了一条新径。正因为蜂王浆的这一特点，医生用蜂王浆来预防和治疗神经血管功能失调、脂肪代谢紊乱等病症，收到良好效果。

(十五) 改善消化功能

服用蜂王浆的人均有一种明显感觉，那就是饭量增加，消化力提高，体质明显好转。这是因为，蜂王浆可促进胃、肠道消化酶的分泌，从而使胃、肠功能得到改善和提高。同时，蜂王浆还有润滑大肠的作用，加之其抗菌消炎等功能，故对胃溃疡、十二指肠溃疡、胃炎、腹泻、痢疾、便秘等症有着不同程度的防治效果，尤其对食欲不振及消化不良等消化系统疾患有着良好的作用。蜂王浆对急慢性肝炎、迁延性肝炎疗效甚佳，对肝硬化、脂肪肝、肝萎缩等难治之症也有良好作用，尤其对肝炎患者乏力、食欲欠佳等症的改善更为突出，可以起到标本兼治的目的。

四、蜂王浆的美容功效

蜂王浆的神奇作用表现在美容上也尤为突出。大量的试验与长期实践证实，蜂王浆有护肤、养颜及营养、滋润皮肤的作用，并可预防和治疗多种皮肤病，其养颜效果具有真实、自然、持久等特点。长期服用蜂王浆的人，不仅身体健康、精力充沛、寿命延长，其皮肤亦变得白嫩细腻，头发黑亮，脱发断发及面部雀斑等逐渐消失，显现出青春的活力与娇嫩的容颜，可以说蜂王浆是一种理想的美容剂。

蜂王浆之所以能有如此神奇的美容作用，根据"秀外必先养内"的中医理论，可以从它的营养成分分析中找到答案。分析表明，蜂王浆中几乎含有人体必需的各种蛋白质，其中清蛋白约占 2/3，球蛋白约占 1/3；含有 20 多种氨基酸，16 种以上的维生素，多种微量元素以及酶类、脂类、糖类、激素、磷酸化合物等，还有一些未知物质。这样丰富的营养成分，内服后可以强身壮骨，延年益寿，防止衰老，并且可以促进和增强表皮细胞的生命活力，改善细胞的新陈代谢，防止代谢产物的堆积，防止胶原、弹力纤维变性、硬化，滋补皮肤，营养皮肤，使皮肤柔软，富有弹性，使面容滋润，从而推迟和延缓皮肤的老化。内服蜂王浆，调整了机体生理功能，促进了健康，达到了驻颜美容目的。

蜂王浆不仅内服有很好的美容作用，而且外用通过皮肤吸收方式，也可直接美容肌肤。因为蜂王浆含有丰富的生物活性物质，这些物质极易被皮肤吸收利用，进而促进皮肤血液循环，滋润皮肤，防止皱纹，以利皮肤恢复生机，使皮肤在生理上保持自然面容，滋润而富有弹性，具有光泽颜面的效果。另外，蜂王浆中的 10-羟基-$\triangle^2$-癸烯酸，是化妆品中的功能性物质，具有增营养、抗辐射、消炎和杀菌等多种作用，在化妆品中添加蜂王浆，可大大提高化妆品的功能和品位。

实践证明，每天用鲜蜂王浆早晚两次涂搽脸面，可使皮肤柔软，富有弹性，推迟皮肤老化，减少色素形成，有利于消除青春痘等皮肤病。解放军总医院皮肤科虞瑞尧报道，北京的七个医院，对加入 0.5％蜂王浆系列化妆品进行临床疗效观察，治疗 300 多例痤疮、褐斑、脂溢性皮炎、面部糠疹、老年疣、扁平疣等病，取得了近 80％的有效率，无一例发生过敏反应、刺激作用和副作用。深圳市人民医院曾广灵，用鲜蜂王浆 1～2 克置于手掌中，再加少量温水调匀后涂抹在皮肤上，不仅能使面部皮肤光泽、增白，消除褐色斑，减少面部皮肤皱纹，而且可以治疗更年期综合征。四川省合

江县医院王永平等，用蜂王浆软膏对制丝职业皮肤病——缫丝性手皮炎进行对照观察治疗 40 例，有效率达 100%；在 12 个省的制丝厂对 6 761 例预防观察，预防效果总有效率 98.41%。充分显示蜂王浆防治兼优、标本兼治、无副反应等独特优势，至今国内尚无同类制剂相比拟。

总之，经常服用蜂王浆不仅能健身、祛病、延年益寿，而且能防治皮肤病和养颜美容，如同时用蜂王浆涂搽面部，其美容效果更佳。所以说蜂王浆是既可服用又可外搽的一种安全、高效的天然美容佳品。

五、蜂王浆的临床应用

我国将蜂王浆大量应用于临床，始于 20 世纪 50 年代末，经过 50 多年的实践证明，蜂王浆对以下病症有较好的疗效和补益。

（一）老年病

蜂王浆不但具有葆青春、延衰老之特殊功效，还有防治老年性常见病和突发病的功能。据报道：用蜂王浆治疗 134 例老年病患者（平均年龄 70 岁以上），多数患者服用 6 天即可见效。主要表现是食欲增加、精神好转、血压趋于正常。有人曾给老年人肌内注射蜂王浆制剂，每天 3 次，每次 70 毫克，第 3 天检查其血液，发现血液中嗜伊红粒细胞数及基础代谢显著提高。连续注射数天后老人面部展现红润，老年斑消失，皮肤皱纹有所减少，显示出"返老还童"之征兆。

更年期由于内分泌的紊乱及植物神经机能失调，引起的疾病和性功能衰退，使一些步入更年期的男女同志表现出脾气暴躁、肩沉腰痛、头昏眼花、异常疲劳等症状。服用一周蜂王浆，症状可得到减轻，性机能得到调理、性欲提高。蜂王浆还可预防和治疗老年动脉粥样硬化，亦可减少血栓的形成，是老年人理想的强体健身、防病医病的良药。

（二）营养不良症

蜂王浆含有丰富的蛋白质、氨基酸、维生素、酶类、脂肪酸、无机盐等营养物质，对各种营养不良患者均有良好的治疗效果，对小儿营养不良并发症患者尤为有效。体质衰弱的儿童易患伤风感冒、少食、口腔炎、气喘、扁桃腺炎、精神脆弱等病症，连续服用蜂王浆1周后，病体会有明显改善，症状减少或消失，食量提高，面色好转。究其原因，除了服用蜂王浆弥补了体质所需要的营养素外，主要是通过蜂王浆的作用解除了贫血和植物神经失调，促进了蛋白质代谢，加强了身体的抗病能力。意大利的普罗斯派里等在1956年就证实，用蜂王浆治疗婴幼儿发育不良效果甚好，他们通过临床给早产的新生婴儿和体弱多病的较大婴幼儿服用蜂王浆，很快可使患儿血红蛋白增加，血浆白蛋白恢复正常，含量提高，肌肉结实，体重增加。

蜂王浆对营养不良性浮肿有显著的疗效，病人服用蜂王浆1周，可使乏力、四肢麻胀、食欲不振及浮肿等症状减轻或消退。有人曾对病后体弱者服用蜂王浆作恢复期观察，发现服用蜂王浆可使病后恢复期大大缩短，并能有效预防旧病复发。

（三）神经系统病

服用蜂王浆对神经衰弱有显著疗效，可以迅速改善患者的食欲和睡眠，自觉症状明显减轻或全部消失。北京医科大学第三附属医院精神科，采用"北京蜂王精"治疗90例神经衰弱患者，服用3天后自觉症状开始改善，2～3个月收到满意的疗效，显效率达86％，有效率达100％。脑力劳动者服用蜂王浆，智力敏捷，工作能力及效率显著提高，表现出精力充沛、情绪饱满、食欲提高、身爽腿轻、体重增加、入睡快、梦幻少等健康感觉。

蜂王浆对精神分裂症有一定疗效，对抑郁型、单纯型、青春型精神分裂症患者疗效尤为突出，妄想型、幻觉型疗效次之。患者用药3天即可见效，情绪逐渐趋向稳定，由抑郁变乐观，生活欲望

增强。

蜂王浆还可治疗神经官能症、子宫功能性出血、坐骨神经病、寰椎神经病、肌痛、臂感觉异常、植物神经张力障碍等神经系统病症，如配合理疗，效果会更好。

（四）肝脏病

蜂王浆对损伤后的肝组织有促进再生作用，用以治疗传染性肝炎可以收到满意的效果。孙曾一等通过大量临床实践证明：用蜂王浆蜜治疗急性传染性肝炎，各种症状在 3～14 天内均有明显好转，肿大了的肝脏在 3 天左右显现缩小，血清转氨酶在 10 天内下降 40 个单位以上或恢复正常，其他指数检查亦明显好转。北京医科大学第一附属医院观察了 35 例服用蜂王浆的肝炎病患者：显效 14 例，有效 15 例，总有效率 82.9%（其中迁延型肝炎有效率为 90.5%，慢性肝炎有效率为 71.4%）；而作常规治疗的对照组，使用肝炎疫苗的有效率仅为 46.9%，左旋咪唑有效率为 24.1%。

上海第一医学院儿科医院曾对 20 例小儿传染性肝炎，实行多种方法治疗和观察对比试验，结果证明服用蜂王浆的治疗效果最好，平均 5 天食欲基本恢复正常，黄疸平均 4～5 天见好转，6～8 天全部消失，肝脏肿大者 3～4 天开始缩小，8 天恢复正常。

采用蜂王浆治疗肝脏病无任何副作用，这是其他化学药品所不可及的。

（五）肠胃病

萎缩性胃炎是常发病之一，服用蜂王浆可有效地预防和治疗。北京医科大学附属医院观察 5 例慢性胃炎患者，年龄 49～56 岁，男 4 例，女 1 例。服用蜂王浆 15 天后，病情得到不同程度的改善，症状明显好转，食欲增大、睡眠改善、精力旺盛、体重增加、胃酸明显增加。服用蜂王浆，可使胃炎旧病复发现象减少，消化机能提高。

另有资料报道：胃及十二指肠溃疡、慢性胃炎、无食欲、

70

恶心、胃下垂等病症，经过服用蜂王浆调理后，症状均可得到缓解。

（六）心血管疾病

蜂王浆有调节高血压和低血压的作用，能使高血压降低、低血压升高，使之逐渐恢复正常。据李楚銮报告，蜂王浆治疗高血压和低血压疗效显著，尤以对低血压患者治疗效果甚佳。由于增强了体质，服用蜂王浆治愈的患者，在较长的时间内血压稳定，即使在情绪有较大波动时也极少出现反复。

蜂王浆还有降低血脂和胆固醇、防治动脉粥样硬化的功能。据北京医科大学报道：用蜂王浆胶囊治疗高血脂51例，60天后化验血象，胆固醇由平均287降至238，甘油三酯由252降至134，充分显示了蜂王浆的疗效。

缺铁性贫血患者服用蜂王浆，可以收到理想的治疗效果。北京军区总医院的医疗实践证明：患者每次服用北京蜂王精1支（10毫升），每天3次，连续服用2周，可使病情迅速好转，血色素逐渐上升。

（七）关节炎

蜂王浆有极强的抗炎作用，人们用其治疗关节炎，取得一定疗效。左一飞曾用新鲜蜂王浆蜜治疗77例慢性关节炎患者，每天用量10克，20～40天后，治疗效果满意者36例，占治疗总数的47%；比较满意者10例，占治疗总数的13%；效果不理想的31例，占治疗总数的40%，以脊柱型关节炎的治疗效果为最好。山西医学院第二附属医院经过大量的临床实践得出结论：蜂王浆用于治疗风湿性关节炎，服用2～3天症状开始减轻，精神振奋，食欲增加，痛感减轻。持续治疗20～30天，可显示出理想的效果。治疗期间病人有口干或咽干感觉，但不影响继续服用。另有报道，日本将蜂王浆溶于葡萄糖溶液中制成注射液，治疗风湿性关节炎27例，其中20例有显效，7例效果不明显。

（八）口腔病

复发性口疮是比较讨厌的常见病，复发频繁，痛感强烈。有人用蜂王浆治疗复发性口疮取得较好的效果，治愈率达 69.2％。患者反应，服用蜂王浆治疗口疮，止痛迅速，可以大大缩短溃疡期，经常服用，可有效减少口疮复发。湖北医学院口腔医院用蜂王浆治疗口腔黏膜扁平苔藓，总有效率为 91％。该病是一种慢性、浅在、非炎性疾病，为口腔科常见的多发病，目前尚缺乏有效的治疗方法，多有久治难愈现象，蜂王浆治疗黏膜扁平苔藓，实为一新发现。服用方法：一是口服 5％王浆液，每次 5～10 毫克，每天 3 次；二是患部涂擦 81％蜂王浆药膜，每天 3～4 次；三是患部贴敷 3～5 毫克/厘米^2 的蜂王浆药膜，每天 3 次，2 个月为一疗程，可收到令人满意的效果。用蜂王浆防治口腔充血性糜烂作用迅速，治疗过程中无痛苦，疗效显著。

（九）其他疾病

1. 牛皮癣 牛皮癣是比较顽固的皮肤病，用蜂王浆和蜂王浆软膏对其进行综合治疗，可获得满意的效果。治疗方法是：每天给患者 20 毫克蜂王浆放在舌头下面，使其自行溶解；同时，牛皮癣患处轻轻涂擦 3％的蜂王浆软膏 2～10 克，每天 1 次，1～2 个月为一疗程。有人按以上方法治疗 25 名不同年龄的牛皮癣患者，其中局部患者 8 人，弥漫性患者 17 人，患病时间从 8 个月到 32 年不等，一般病程 5 年。经过蜂王浆 1～2 个疗程的治疗，彻底痊愈者 1 人，基本痊愈者 6 人，明显好转者 15 人，疗效不明显者 3 人。

2. 支气管炎 据医学报告报道：用蜂王浆治疗 22 例支气管炎患者，每天服用 200 毫克蜂王浆，连用 14 天，其中 9 例有明显好转。我国民间亦有人将蜂王浆用于治疗支气管喘息，作为秘方流传，收效较好。

3. 结节病 目前尚无很好的治疗手段，国外医学报告则报道了用蜂王浆治疗结节病，可收到较好的效果。北京医科大学第三附

属医院内科使用蜂王浆蜜治疗结节病，每次口服 1.5％的蜂王浆蜜
10 毫升，每天 2 次，连续服用 1 年，患者肺门淋巴结明显缩小，
食欲提高，体力好转，结节病症状消失，无复发。

4. 疣症 有人用蜂王浆治疗疣症，效果良好。给患者每天服
用蜂王浆 600 毫克，治疗 36～48 天，4 名幼稚扁平疣症兼发一般
疣患者，全部痊愈，16 名幼稚扁平疣症患者有 10 人痊愈，3 人无
效，其余 3 人未作复查，效果不明。

5. 红斑狼疮 捷克某医院用蜂王浆治疗 4 名慢性红斑狼疮和 2
名亚急性红斑狼疮患者，均获得成功，患者病灶消失，全部痊愈。
我国湖南有人用复方蜂王浆胶囊治疗 5 例红斑狼疮，治愈 3 例，显
效 2 例。

6. 糖尿病 辽宁省职工医院花美君等人用蜂王浆治疗 II 型糖
尿病 38 例，每次 10 毫升，每天 2 次，3 个月为一个疗程。显效 23
例，占 60.5％，好转 12 例，为 31.3％，无效 3 例，占 7.8％，总
有效率为 91.8％。广西柳州医院梁洪德用蜂王浆治疗 275 例遗尿
小儿，3～5 岁每天用 300 毫克，5～7 岁每天用 500 毫克，7～10
岁每天用 700 毫克，10～15 岁每天用 1 克，6 天为一疗程，一般
1～2 个疗程，其中 246 例治愈，好转 18 人，无效 11 人，总有效
率达 95％以上。

7. 眼干燥症 用王浆蜜滴眼合剂治疗眼干燥症收效甚佳，显
效率达 86％以上。这是因为，蜂王浆合剂可为眼部提供丰富的天
然营养素和生物活性物质，有助改善眼部微循环，能影响眼部泪腺
等组织的新陈代谢，深层滋润角膜，营养泪膜的稳定性，有效地防
治老年性眼病干燥症不良现象的产生和发展。蜂王浆蜜具有高渗
性，能迅速扩散于泪膜和眼角膜表面，可滋润、保护角膜，并有消
炎和提高眼角膜透明度，增进视力的作用，还能促进泪膜和角膜受
损组织的修复，从而更好地保护泪膜和角膜。

此外，蜂王浆在临床上还被用于治疗贫血（包括癌症及手术后
或放射治疗引起的贫血）、白细胞减少症、月经异常、不育症、妊
娠中毒症、多发性脑脊髓硬化、胃及十二指肠溃疡、肺结核、慢性

肾炎、秃发及皮肤病（硬化性皮炎、瘙痒症、无疱疮）、冻伤、下肢溃疡等，均有一定的疗效。

六、蜂王浆的保健制品

蜂王浆属天然保健品，含有丰富的生物活性物质，这些物质比较娇贵，对热等外因条件尤其敏感，稍有不慎即有可能对其有效成分造成破坏。鉴于蜂王浆的这一特点，人们平时服用多以鲜王浆口服为主，市售的加工制品其生产工艺也比较简便。下面就市场常见的部分产品作简要介绍。

1. 蜂王浆冻干粉　蜂王浆冻干粉是将鲜蜂王浆在低温下快速冻结，然后在适当的真空条件下使冻结的水分子直接升华为水蒸气逸出。冻干的蜂王浆活性比较稳定，常温下保存 3 年时间质量变化甚小，可以较长时间贮存。蜂王浆冻干粉与新鲜蜂王浆有相同的色、香、味，较为完好地保持了原有的有效成分，临床效果证明与鲜王浆有基本一致的疗效，是一种比较理想的加工制剂。

2. 蜂王浆蜜　王浆蜜是由鲜王浆和原蜜混合而成的产品，平时人们服用蜂王浆，多选用王浆蜜这种剂型，且家庭就可配制，制作简便，成本低廉，服用方便，一般不加任何防腐剂，具有天然食品特点，在低温条件下长期或常温下短期贮存质量不变，人们乐于接受。

3. 蜂王浆口服液　蜂王浆口服液以新鲜蜂王浆辅以蜂蜜、水等原料加工而成，较好地保持了蜂王浆的有效成分，调整了产品的色香味，提高了使用价值和商品价值，是目前国内外市场广为流行的食药兼备型口服珍品，适合老人、儿童、病后恢复、临床治疗等多方面应用。蜂王浆口服液，安瓿型有 10 毫升、20 毫升不等，还有小瓶分装 100 毫升、250 毫升等不同规格。根据使用对象及服用量的不同，各种规格的蜂王浆含量有差异，其中以 40 毫克/毫升的最为常见，因为这种剂型比较适合于成人、儿童及保健和医疗所需要的剂量，开口容易，服用方便。

4. 蜂王浆复方口服液 蜂王浆复方口服液，也就是以蜂王浆为主料，又辅以人参或其他一些中药等提取成分，经过科学配方和合理工艺加工而成。这类口服液的配方，可根据服用需要来调整和配伍，分装于不同的容器中供消费者选用，目前常见的有安瓿型和小瓶型。复方口服液的制作工艺相对复杂一些，多由制药厂或专业制剂厂生产，其特点是对症性比较强，选用时可参照说明或遵医嘱。

5. 蜂宝素 蜂宝素是以蜂王浆、蜂蜜、蜂花粉等蜂产品为主料，辅以奶粉、淀粉、香料等填充料，以科学方法加工而成的高级营养冲剂。该产品保持了蜂王浆、蜂花粉、蜂蜜的天然营养成分和风味，具备各种蜂产品的保健特点，经常饮用，可以消除疲劳、提神助食、促进生长发育、延缓衰老、增强身体的防病祛患能力，是老少皆宜的理想保健品。

6. 高活性蜂王浆 在蜂王浆中强化进超氧化物歧化酶（SOD）和麦芽糊精（MD）等高活性物质，是口服蜂王浆换代产品。这种蜂王浆不仅具有蜂王浆各种作用和特点，还具有超氧化物歧化酶和麦芽糊精的某些优势，更有利于清理人体中的自由基，延长细胞寿命、增强细胞活力，有极强的抗病、抗衰老等作用，具有纯天然、高活性、高功效等作用和特点。

7. 强化蜂王浆 在蜂王浆或其制品中，添加进维生素E及其他有效成分，使之更具有特点和疗效，其保健及治疗作用也会更强更快。

8. 蜂王浆注射液 蜂王浆注射液是一种特殊的剂型，不同于蜂王浆其他口服的蜜剂和固体剂型制品，它是经过特殊工艺处理，装进安瓿中直接用于注射的针剂，pH 2.5～5.5，每毫升含量为25～50毫克。这种剂型使用起来比较方便，可以精确地掌握剂量。

9. 蜂王浆胶囊 分硬胶囊和软胶囊两种，硬胶囊内装粉剂，软胶囊内装鲜蜂王浆。软胶囊是将鲜蜂王浆经科学处理后分装入胶囊内应用于临床，由于保持了蜂王浆原有成分，效果较佳，应放于低温条件下贮存。硬胶囊是采用王浆干粉添加淀粉制作而成，方

便食用，利于贮存。每粒蜂王浆胶囊重约 0.25～0.35 克，含鲜王浆 50～80 毫克，口服，每次 1～2 粒，每天 3 次。

10. 蜂王浆片 蜂王浆经冻干成粉，添加无水葡萄糖等辅料，压制成片状而成。每片含鲜王浆 70 毫克，无水葡萄糖 0.43 克，应用于治疗贫血、神经衰弱、虚弱无力及病后体力恢复和过度疲劳等。用法是将药片含于舌下，使之自然溶化，每次 1～2 片，每天 3 次。本品包装要求严格，放于低温、避光干燥处保存。

11. 蜂王浆干片 将新鲜蜂王浆在常温减压条件下，真空干燥成非常薄的薄片，这种产品在国外比较流行。王浆干片的含水量在 5％以下，包装必须封闭严密，否则容易吸收空气中水分。也有的将薄片粉碎成细粉末，这样更便于服用和贮存。

12. 蜂王浆晶 将蜂王浆辅以奶粉、葡萄糖、复合维生素等原料，制成颗粒状晶体制剂，分装成小包装，便于贮存、携带和服用。这种蜂王浆制品在发达国家比较盛行，服用时只需用温凉开水冲服即可，出差在外也便于携带和运输，一年内常温存放不致变质。

13. 蜂王浆奶粉 将蜂王浆与牛奶分别干燥成粉末后，二者混合制作成蜂王浆奶粉，分装入 20 克或 30 克不等规格的小袋中，每天早、晚各冲服一袋。产品既具备蜂王浆的特效，又具有牛奶的特点，口感佳，作用强。

14. 蜂王浆补酒 蜂王浆补酒是蜂王浆佐以用优质米酒浸取的当归、杜仲、枸杞等 10 多种中药的药液，并配入经糖化的黄酒，科学制作成的一种具有营养与治疗兼优的功能性保健酒。成品酒黄褐清澈、气味芳香、滋味醇和。饮用后能促进新陈代谢，提高人体免疫力；能增强体质、改善睡眠；并有活血行气、祛湿止痛、补肾壮阳等功效。

15. 蜂王浆葡萄酒 在经过初步发酵的葡萄汁中，添加进适量的蜂王浆，再经过较低温度的反复发酵后，即保持了蜂王浆特有成分完好无损，又强化了营养作用，改善了口味和性状，具备了蜂王浆的功效，还有葡萄酒的美味，饮用该酒可强身健体、美容颜面，对心血管病症、月经不调、不孕等症有极好的作用，是老少皆宜的滋补珍品。

16. 蜂王浆人参蜜酒 将蜂蜜稀释发酵至酒精达 11 度时，兑入人参提取液，充分混合均匀，过滤灭菌后再将装有鲜王浆的王台和一定比例的山栀子投入蜂蜜酒中，置于 20℃ 条件下进一步陈酿 3～12 个月，陈酿完成后取出山栀子，装入暗色小坛存放，每小坛加放一条人参和数个王台，服用时每次饮酒 20 毫升，挖服 2 个王台内王浆。这种酒功效高、酒度低，色、香、味俱佳，对黄疸性及各种肝脏病有奇效，尤其适用于老年人及病后体力、精力恢复者服用，有极好的强身健脑、提神益智之功效。

17. 蜂王浆保健饮料 将蜂王浆添加到以蜂蜜、牛奶等经过发酵精制而成的高级饮料中，作保健饮品饮用，实为一种享受。这种饮料香甜适口，酸度适宜，营养丰富，口感极佳，且具有蜂王浆的保健与医疗功效，实属饮品中极品。

18. 蜂王浆冷饮 在冰糕、冰淇淋等冷饮制品原料中加入蜂王浆，制成高级冷饮，供应市场，深受广大消费者欢迎。这类制品在发达国家已很盛行，是食品超市中的畅销品种；在我国一些地方也有生产销售，并针对不同的消费者调整配方，消费面比较宽，销量也比较大。

19. 王浆白酒 王浆白酒是将蜂王浆加入白酒中，配成 5%～10% 王浆白酒，每次饮 50～100 毫升，每天 2 次。蜂王浆具有营养丰富，滋补强身，消除疲劳，增强体质，补脑益智，美容颜面等作用，饮用者既可强身保健，又满足了嗜酒爱好。

20. 王浆蜂蛹五子药酒 王浆蜂蛹五子药酒是选蜂王浆、雄蜂蛹为主要原料，佐以中药五子（枸杞子、菟丝子、覆盆子、车前子、五味子），配优质米酒浸泡而成，每次 30 毫升，每天 2 次，口服。鲜蜂王浆滋补益肝，强身健体。雄蜂蛹培元固本，调和脾胃。该王浆蜂蛹五子药酒，有较好的滋补保健作用，适用于精神衰弱、腰腿酸软、眼花耳鸣、盗汗等肾虚体征及性功能减退、男女不孕不育等症患者饮用。

21. 蜂王浆微胶囊 蜂王浆微胶囊又称"微胶囊固体蜂王浆"。首先使蜂王浆成为细小的固体颗粒，然后用食用涂料覆盖作为保护剂，使蜂王浆与空气隔开，在常温下其生物活性物质（如活性酶等）保存 100 天不失效，较好保持和发挥了鲜王浆的生物活性作用。

22. 蜂王浆眼药膜 以新鲜蜂王浆、辅料制作而成，每片含蜂王浆 2 毫克。适用于外伤性角膜炎、疱疹性角膜炎。优点在于剂量准确，能均衡释放出蜂王浆有效成分，用眼药膜 3～4 天后能减轻泪溢、眼睑痉挛，有促进角膜修复和消炎作用。

23. 蜂王浆溃疡药膜 以鲜王浆和羧甲基纤维素等制成膜剂，每天数次贴敷于溃疡面，贴药后可迅速止痛，缩短溃疡期。适用于口腔溃疡与口腔黏膜白斑。

七、蜂王浆的美容制品

将蜂王浆强化到化妆品中应用，可以促进和增强表皮细胞的生命活力，改善细胞的新陈代谢，减少代谢产物的堆积，防止弹力纤维变性、硬化，还有很好的滋补皮肤、营养皮肤作用，从而使皮肤柔软，富有弹性，面容滋润、光泽，并有利于推迟和延缓皮肤的老化。由此可见，蜂王浆用于美容颜面的作用是多方面的，其效果也尤为理想。蜂王浆化妆品，在国内外早就十分流行，并有一些名牌或专利产品，归总起来主要有以下几种。

（一）市售蜂王浆美容品

1. 蜂王浆雪花膏 将蜂王浆添加到雪花膏原料中，制成高档雪花膏，成本增加不了多少，但其美容作用却大大提高。蜂王浆雪花膏原料有油相和水相两种，通过溶解、乳化、混合等工艺制成，深受消费者青睐。

2. 蜂王浆美容乳液 蜂王浆美容乳液是日本 1980 年的专利产品，该产品强化进蜂王浆后，显著增强了乳液的美容效果，不但有增白颜面作用，还有杀菌祛斑功能，深受消费者欢迎。

3. 蜂王浆美容露 蜂王浆美容露化妆水，在美国尤为流行，其美容化妆效果比较突出，由于添加了蜂王浆，使市场销售剧增，得到消费者的广泛认可，市场尤为旺销。

4. 蜂王浆增白乳液 蜂王浆增白乳液的特点是增白防晒，据试验报告证明，经常使用这种增白乳液，可使皮肤由粗糙变得细腻、光泽、白嫩，每天使用 2 次，2 周后可收到显著效果。

5. 蜂王浆美白化妆水 经常使用蜂王浆美白化妆水，可以阻止皮肤黑色素形成，并有清除面部细菌和强化皮肤营养的作用，还能抗御阳光中紫外线对皮肤的照射，作用奇特，效果理想。

6. 蜂王浆面膜剂 采用蜂王浆并添加适量聚乙烯醇、甘油等辅料，制成高档高效面膜剂，是美容店较为常用的，也是健美爱好者最为青睐的一种高档美容品。这种面膜剂的特点是见效快，增白养颜效果好，使用方便，且成本低、费用省。

7. 蜂王浆珍珠霜 蜂王浆珍珠霜是国际市场上一个老牌美容产品，多年来盛销不衰。这个产品的特点是滋养皮肤效果比较好，且使用方便，见效快，作用强。

8. 美加净蜂王露 美加净蜂王露是国内外美容产品中影响比较大的一个产品，既有美容颜面作用，又有祛斑增白效果，是化妆美容品中的佼佼品牌。

9. 蜂王浆生发水 将蜂王浆与丁二醇、薄荷醇等辅料调和制成生发水，可起到防治脱发、治疗斑秃的良好效果。有报告证明，每天在脱发或斑秃的头皮上涂抹蜂王浆生发水，一天 2 次，3 个月可收到显著效果。该产品在日本于 1986 年获得专利，影响较广。

（二）自制蜂王浆美容品

当今市场上蜂王浆美容制品比较多，在现实生活中很多爱美者亦采用蜂王浆自制美容品。

1. 蜂王浆美颜膏 选用新鲜蜂王浆，放入冰箱中，每日早晚

用温水洗脸后，取 1.5～2.0 克涂敷脸面，并用手轻轻按摩揉搓面部，感到微热时停止，30 分钟后洗去，长期坚持。采用该方法，可祛除面部及眼角皱纹和色斑、老年斑、青春痘等。

2. 蜂王浆护肤蜜　选用新鲜蜂王浆 20 克，白色蜂蜜 50 克，将之搅和均匀，装入小瓶中，放入冰箱存放，备用。每天早、晚洗脸后取 2 克于手心，蘸少量水（以不粘手为宜）轻轻揉敷到面部，30 分钟后洗去。可收到美容颜面、除皱护肤的效果，长期使用可致皮肤细嫩光泽。

3. 蜂王浆养颜膏　选新鲜蜂王浆 10 克，与 20％蜂胶酊 3 毫升混合，调匀；用时将养颜膏 1 克均匀涂抹到面部，轻轻揉搓面部片刻，每晚一次，第二天清晨洗去。该养颜膏有很好的养颜润肤、消炎杀菌作用，常用可保持面部红润光泽，富有弹性，皱纹减少或消失。

4. 蜂产品美容护肤膏　选用新鲜蜂王浆 20 克，破壁蜂花粉 20 克，白色蜂蜜 20 克，25％蜂胶酊 5 毫升，调匀，制成膏，盛暗色小瓶中常温存放，每天睡前洗脸后，取少量涂于面部，揉搓片刻，第二天清晨洗去。长期涂用，有很好的营养皮肤、增白养颜、美容去皱效果，还可除杀面部菌、螨，是一种纯蜂产品制成的高效多用途美容品。

5. 蜂王浆蜡膜　选用新鲜蜂王浆 5 克，蜂蜡 10 克，鱼肝油 5 克为原料。先将蜂蜡加热熔化，拌入鱼肝油，搅制成膏状，调入蜂王浆搅匀即成；每天睡前涂在脸部，轻轻按摩片刻，入睡，第二天清晨用温热水洗去。作用：滋润皮肤，保护皮肤，养颜驻容。

6. 蜂王浆营养膜　选新鲜蜂王浆 5 克，氧化锌 2 克，淀粉 10 克，与少量水调制成糊状，睡前涂抹到面部，形成面膜，30 分钟后洗去，每天一次。本品有润肤除皱、祛斑美容的效果。

7. 蜂王浆甘油面膜　选用新鲜蜂王浆 5 克，甘油 10 克，氧化锌 2 克，淀粉 10 克。先将淀粉加少量水调制成糊状，再调入甘油、氧化锌和王浆，用时将之涂敷于面部，形成面膜，20～30 分钟后取下，每周 1～2 次。可起到很好的滋润皮肤、除斑消皱、防治黑色素沉积等效果。

8. 蜂王浆甘油软膏　选新鲜蜂王浆 5 克，甘油 5 克，榨姜汁 3 毫升，奶粉少许，混合均匀，调制成软膏，装入瓶中，备用。早晚洗脸后，取 2 克涂抹于脸面及患处，个别患处也可涂抹数次。本品有较好的滋润、营养皮肤，消除面部痤疮等作用。

9. 蜂王浆香脂　选用新鲜蜂王浆 20 克，与香脂 50 克混合，调制均匀，装瓶备用（最好存放于冰箱中）；每次洗手、洗脸后，涂抹少许于皮肤上，揉搓均匀，连续使用。本品可美容润白，护肤养颜。

10. 蜂王浆甘油　选用新鲜蜂王浆 5 克，研磨成细浆，与甘油 10 克混合，充分搅匀，早晚各一次涂抹于患处。适用于面部痤疮（青春痘）患者。

11. 蜂王浆姜汁　选新鲜蜂王浆 5 克，再榨取姜汁 2～3 克，二者混合均匀，每天睡前将之涂抹于眼眉部位，于第二天清晨洗去，连续用 25～30 天，可显效。本品适用于眉毛稀少和眉毛脱落患者，经常使用可使眉毛止脱并有助长出新眉毛。

12. 蜂王浆蛋清　将 2 个鸡蛋清打入碗中，调入 50 克新鲜蜂王浆，搅匀，存放入冰箱中；温水洗脸后，取 2～3 克揉搓到面部，保持 30 分钟，洗去，每天一次。作用：营养皮肤，滋润皮肤，可使皮肤红润细白，富有弹性。

13. 蜂王浆柠檬蜜　首先榨取柠檬汁 8 克，过滤后与 10 克鲜蜂王浆、7 克白色蜂蜜混合，调匀，装入暗色小瓶，置冰箱中存放；每天睡前洗脸后，取少许搓到面部，轻轻揉搓片刻，第二天清晨用清水洗去。本品有养颜、净面、驻容作用，可使皮肤柔嫩细腻，还能使面部粉刺等逐渐消退。

14. 蜂王浆养肤油　将一个蛋黄打入碗中，调入 20 克鲜蜂王浆和 10 克植物油，搅匀成膏状；洗脸后取 2～3 克搓到脸上，保持 30 分钟，用温热水洗去，每周 2 次，或每隔 3 天一次，连用 7～10 次可显效。作用：适用于干燥性衰萎的皮肤，可使皮肤爽净、细嫩，皱纹减少或消退。

15. 蜂王浆护发生发水 将5克新鲜蜂王浆、5克蜂蜜、10％蜂胶液2毫升混合，调匀；傍晚洗发后，将之洒到头发和脱发部位头皮上，揉搓均匀，每3天一次，坚持3个月可显效。本品有养发、护发、乌发作用，适用于脱发、断发、白发及黄发者。

16. 蜂王浆护发液 将5克蜂王浆与鲜牛奶5克混合调匀；洗发后将之洒到头发及头皮上，轻轻揉搓头发和头皮，使之分布均匀，保持30分钟以上，洗去。本品有养发、护发、乌发、生发作用，可使头发黑亮富有柔性，并有效防治断发、黄发。

八、蜂王浆在其他方面的应用

蜂王浆不但对人类有保健除患功能，在植物的组织培养、家禽饲养等方面也显示出了良好的作用。华东师范大学管和等人将蜂王浆添加到香菇菌的培养基中获得理想的效果，添加蜂王浆的生长率比对照组明显加快，以每毫升培养基中加入50毫克蜂王浆的效果尤为明显。管和等还研究了在每升培养基中加入3.2克蜂王浆，可使花椰菜髓外植体和离体叶分化成苗。

家禽食用蜂王浆可提高产蛋量。湖北龙感湖农场吴伟雄将蜂王浆作饲料添加剂饲喂373只北狄杂交鸭，结果比不喂蜂王浆组提高产蛋率13.6％，平均每个蛋重增加1.9克。尽管增加了蜂王浆成本，但因饲粮减少使饲料成本下降10.9％，每个蛋的总成本仍下降6.2％。贵州农学院俞渭江的试验证明：食用添加蜂王浆饲料的母鸡可提高产蛋率15.5％；江苏省泰州畜牧兽医站李明荣的试验证明：在100千克鸡饲料中加入1千克含有0.1％蜂王浆的配合饲料饲喂鸡群，可使母鸡产蛋率提高8.8％～13.9％；扣除饲料成本，按种蛋计算，每月每只鸡提高收入1.46元，按商品蛋计算每月每只鸡增收0.424元。

还有人将蜂王浆添加到家畜饲料中，可使肉兔、肉鸽等大大加快生长发育。蜂王浆配合蜂胶，还可用于蜜蜂幼虫及蛹和其他食品的短期保鲜等。

九、蜂王浆的使用注意与安全性

(一) 蜂王浆的使用注意

服用蜂王浆的方法比较多,其常规服用主要有以下几方面。

1. 服用方法 蜂王浆的服用方法主要有如下几种:

(1) 吞服 直接吞服蜂王浆或将蜂王浆拌入蜂蜜中配成王浆蜜,或将蜂王浆与白酒混合制成王浆酒,或将蜂王浆在冻干设备中加工成王浆粉,或将蜂王浆拌入绵白糖或白砂糖中,均可采用吞服的方法,即将蜂王浆制品直接吞下,然后喝些温开水冲下即可。这是一种采用较为普遍又常用的服用方法。

(2) 含服 即用滴管向舌下滴蜂王浆溶液,或用不锈钢勺挖出王浆放入舌下含化,可以不入胃,直接在舌下经唾液和黏膜消化吸收,由血液带到全身各部位。此方法用药量比较经济。蜂王浆制品——蜂王浆片,就是专门用来含服的。将蜂王浆放在舌下含服,吸收效果既快又好。

(3) 注射 将蜂王浆制成注射液,供皮下或肌内注射。在临床上对于重病或病危的患者,一般都采用注射的方法,因为注射剂可使蜂王浆中的胰岛素和丙种球蛋白等有效成分保存完好,而且便于人体直接吸收利用。

(4) 涂擦 将蜂王浆或以蜂王浆与其他成分配制成软膏,将之涂擦于患处,用于治疗外伤、皮肤病等,效果较佳。鲜蜂王浆直接涂擦治疗烫伤、烧伤、皮肤病等,具有见效快、疗效好、成本低等特点。

2. 服用时间 蜂王浆作为天然营养保健品或治疗剂,不仅有一定的剂量和服用方法,服用时间也应注意。临床治疗应遵医嘱;自行保健或治疗时,服用时间应以清晨起床后(早饭前 20 分钟)或晚上就寝前空腹服用效果为佳。因为空腹服用吸收力较好,受胃酸的破坏也相应小一些。服用蜂王浆的时间长短,也要因人因情而定,因为蜂王浆是营养保健品和某些疾病的辅助治疗剂,它不像某

些西药那样服用后马上产生效力，须服用一段时间方可见效，根据服用者的身体状况、目的等具体情况而异，适应证较准确的3～5天可有一定感觉，也有个别者服用1～2天就有感觉，一般情况是1周后方显效果。对某些慢性病、疑难症患者，服用蜂王浆须长期坚持，不可短期行为或见好就收。以治病为目的时，一个疗程需要15天至2个月的时间，为了巩固效果，间隔一段时间（15天左右）后，应再行治疗一个疗程，方可收到满意的效果。服用蜂王浆的最大优势在于标本兼治，正常情况下，治愈后的病症一般是不易复发的。

3. 服用剂量　蜂王浆的服用量因人、因情、因目的而异，不同的服用者、不同的情况及目的，所服用量悬殊较大。体质较弱以营养保健为目的长期服用的，日服用量为2～3克，较大量也可增加到5～6克；如以祛病除患为目的，可根据病情及病人体质状况，将剂量增加到每天7～10克，极个别者（比如癌症、糖尿病患者及以治病维持生命为目的的）也可增加到15～20克。婴幼儿及儿童用量可适当控制，1岁内婴儿，保健用量以每天0.1克为宜；1～3岁的幼儿日服量0.1～0.2克；3～7岁的学前儿童日用量0.2～0.5克即可，最大用量不可超过1克。恒定在这样的用量范围内，是不会引发"早熟"等副作用的。长期的临床实践证实，成年人以治病除患为目的，将用量增加到20克乃至更多一些，也不会引发副作用。危急病人或以延寿维持生命为目的者，用量可增加到每天30克，对治疗及延长寿命有着显著的作用和效果，尚未发现因用量过大导致的不利影响。

4. 服用前准备工作　家庭中应用蜂王浆前一般不需要做特殊处理，必须注意的是一定要冷冻贮存，注意保鲜保质。服用蜂王浆可以直接吞服（不加任何填充料），也可兑入蜂蜜或白酒中，制成蜂王浆蜜或酒，配制方法如下：

（1）蜂王浆蜜　将新鲜蜂王浆放入瓷盆中研磨细后，边搅拌边加入少量蜂蜜，混合均匀后再加入适量蜂蜜，实行递增法，直到够量，充分搅拌混合后装入玻璃瓶密封备用。蜂王浆与蜂蜜的配比可根据每个人的用量大小及口味嗜好灵活掌握，正常情况下，浆、蜜以 1∶3～5 为宜，以保健为目的，蜂王浆比例可适当低一些；以治疗为目的，配比稍大一些。如果将之制作成口服液，可添加适量的水（王浆量的 3～4 倍）和 10％的蜂胶乙醇提取液（每天 2～3 毫升），搅拌均匀即可。每次配制的数量不可过多，以 10～15 天用量为宜。

（2）蜂王浆酒　称取一个疗程的蜂王浆用量，兑入优质白酒中，白酒的用量以服用者的酒量酌定，搅匀即可。蜂王浆在酒中易沉淀，服用时可轻轻摇荡几下，混匀后再用量杯计量服用。必须注意的是，配制过程中应选用陶瓷、搪瓷或不锈钢、木制用具，不可接触铁、铝、铜等金属用具，用时还需注意用具及操作卫生，万万不可造成人为污染。

（二）蜂王浆的安全性

蜂王浆既可作为天然滋补品，又可作为药品，为食药兼备性珍品，在正常使用范围内是安全的。

1. 蜂王浆的安全性　试验证明：给大鼠腹腔大剂量注射蜂王浆，3 000 毫克/（千克·天），连续 5 周，未见明显毒副作用；当用量加大到 16 000 毫克/（千克·天），也未发现小鼠死亡现象。北京医科大学林志彬教授做蜂王浆对小鼠毒性试验，用量加大到 16 克/千克，无一例死亡；当用量加大到 20 克/千克时，72 小时后出现死亡现象。达 20 克/千克的用量，比正常用量超过了数百乃至上千倍，由此可见，蜂王浆的安全性能是非常高的。

2. 蜂王浆的污染　蜂王浆本身对人体是安全的，但是如果在生产、加工过程中，受到不同来源的污染，就可能对人体有一定的危害。这些污染主要包括：重金属污染、有机污染、农业杀虫剂污染、养蜂中杀螨剂的污染、抗生素污染以及其他一些污染物等。但是这些污染是可以避免的，只要在养蜂生产实践中加强管理，按生产规范操作，就可保证蜂王浆的质量，从而也就能避免因蜂王浆质量引发的不安全性及其他威胁。

3. 蜂王浆的激素　蜂王浆中含有微量激素成分，可起到促进生长发育、调节内分泌和美容的效果，这是其激素和其他有效成分综合作用的体现。如同部分水果和其他食品所含激素一样，蜂王浆中的激素是天然的，其含有量极其有限，在正常服用范围内不会造成任何毒副作用，是相当安全的。

4. 蜂王浆的质量　随着育种技术的不断提高，培育出产浆高的蜂种的同时，可能会引起某些蜂种生产的蜂王浆的有效成分变化以及 10-羟基-$\triangle^2$-癸烯酸含量下降，从而导致蜂王浆的品质下降。另外，其他人为因素也导致 10-羟基-$\triangle^2$-癸烯酸含量下降及成分变化，从而导致蜂王浆的品质下降。我国已制定了蜂王浆质量标准，达到国家标准的蜂王浆，可放心选用。

5. 蜂王浆的过敏　个别人对蜂王浆有过敏反应，有过敏反应者约占服用者的十万分之一，主要表现为出现哮喘、荨麻疹、流鼻血、胃痛等症状，停止使用即可恢复正常。有些人口服蜂王浆不过敏，但外用蜂王浆则会出现局部皮疹、红痒、流泪等过敏症状，此症状一般 48 小时后会自愈。蜂王浆过敏主要是其含有的某种蛋白质成分造成的，是某种成分对过敏性体质者产生作用的体现。另外，蜂王浆性温，有个别体质或使用剂量大者，会出现上火现象，比如口干、目赤、燥热等，减小用量或同时食用蜂蜜，有助火气消除。

第三章 蜂 胶

蜂胶，是工蜂采集的植物树脂等分泌物与其上颚腺、蜡腺等分泌物混合形成的胶黏性物质。它是蜜蜂群体的一种副产品，蜜蜂采集加工蜂胶是其繁殖和生存的需要，主要用来抗御病害、防腐及清洁巢房和预防寒袭，从一定意义上讲，蜂胶即蜂群的"药物"，其高强度的抑菌抗菌和抗氧化防腐等多种功效，在自然界中很少有其他天然物质可与之相比。早在三千多年前，古埃及人就认识到了蜂胶的作用，并以文字形式将之记载在与木乃伊同期保存下来的有关医学、化学和艺术的古文中。一千九百多年前的古罗马百科全书《自然史》的作者普林尼（公元 23—79 年），就详细记述了蜂胶的来源、作用等，说明古人已对蜂胶有一定的研究和认识。不过，由于当时的养蜂技术相当落后，蜂胶产量极少，蜂胶的作用与利用没有得到很好的发展。直到进入 20 世纪以来，随着科学技术的提高和普及，蜂胶的生产、研究和加工利用才得到长足的发展，方使蜂产品中的这一瑰宝得以发挥其应有的作用。

一、蜂胶的成分与特性

（一）蜂胶的成分

蜂胶含有大量的类黄酮、芳香酸、菌族酸及其酯和萜烯类，具有抗菌、抗病毒、抗氧化、抗肿瘤、消炎、麻醉等生物学和药理学作用，受到了医学界的广泛重视和深入研究。20 世纪中期以来，各种色谱和质谱分析技术迅速发展，特别是运用气相色谱等现代分

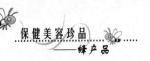

析技术，已从蜂胶中分析鉴定出 100 多种化学成分。主要成分可分为以下几大类：

1. 黄酮　主要有柯因（白杨素）、柚木柯因、高良姜精、甲醚高良姜精、栎精、二甲醚栎精、鼠李亭、异鼠李素、鼠李柠檬素、莰非素、莰非醇、7-二甲醚莰非醇、4-甲醚莰非醇、三甲醚莰非醇、金合欢素、芹菜精、七甲醚芹菜精、漆树黄酮、3，7-二甲醚五羟黄酮、赤杨精等。

2. 黄烷酮　主要有乔松酮、3-乙酰赤松酮、松属素、赤松素、短叶松素、3-乙酸短叶松素、3-丁酸短叶松素、3-乙酸短叶松素、3-甲醚短叶松素、3-戊酸短叶松素、3-戊烯酸短叶松素、3-丙酸短叶松素、3-乙酰短叶松素、樱花亭、异樱花亭、柚（苷）配基。

3. 查耳酮　主要有良姜酮、松属素酮、柚（苷）查耳酮、短叶松素查耳酮、樱花亭查耳酮、二羟查耳酮等。查耳酮与黄烷酮有密切关系，是在蜜蜂制作蜂胶时形成的。二羟查耳酮是白杨树树脂的特征成分，在蜂胶中的数量较少。

4. 酮类　主要有苯乙酮、对-乙酰苯酚、6-甲庚-5-酮。

5. 脂肪酸　主要有丁酸、2-甲基丁酸、琥珀酸、巴豆酸、当归酸、富马酸、山嵛酸、醋酸、乙酸苄酯、乙酸异丁酸、乙酸异戊酸、乙酸异戊烯酸、棕榈酸、蜡酸、褐煤酸、硬脂酸、油酸、亚油酸、异丁酸、肉豆蔻酸、二十四烷酸。

6. 芳香酸及其酯　主要有苯甲酸、苯甲酸甲酯、苯甲酸乙酯、苯甲酸苄酯、环己醇苯甲酸酯、环己二醇苯甲酸酯、松柏醇苯甲酸酯、原儿茶酸、藜芦酸、水杨酸甲酯、水杨酸苄酯、对-羟基苯甲酸、香草酸、茴香酸、对-茴香酸、肉桂酸、氢化肉桂酸、肉桂酸苯酯、咖啡酸、咖啡酸苯酯、咖啡酸 2-甲基 2-丁烯酯、咖啡酸异戊二烯酯、咖啡酸 3-甲基 3-丁烯酯、咖啡酸肉桂酯、咖啡酸苯乙基酯、二甲氧肉桂酸、二甲氧肉桂苄酯、香豆酸、香豆酸苄酯、香豆异戊二烯酯、香豆 3-甲 3-丁酯、香豆苯基乙酯、香豆肉桂酯、阿魏酸、异阿魏酸、异阿魏苄酯、异阿魏 2-甲 2-丁酯、异阿魏异戊二烯酯、异阿魏3-甲3-丁酯、异阿魏苄基乙酯、异阿魏酸肉桂酯、阿魏苄酸、阿魏异戊二烯酯、阿魏3-甲3-丁酯、苯甲醇阿魏酸酯、4-甲氧肉桂酸、山梨酸、丁子香酚、对香豆醇香草酸酯等。

7. 醇类物质　主要有氢醌、苯甲醇、异戊二烯醇、异丁烯醇、苯乙醇、α-甘油磷酸酯、β-甘油磷酸酯、甘油、肉桂醇、松柏醇、草树香醇、乙酰氧基-α-桦木醇、α-桦木醇、α-红没药醇。其中的甘油磷酸酯可能来自蜜蜂的分泌物，甘油来自蜂蜡，其余的来源于蜂胶。

8. 醛类物质　主要有苯甲醛、原儿茶醛、对-羟基苯甲醛、香草醛、异香草醛、己醛、己二醛、香豆醛、松柏醛。

9. 烯、烃、萜类和其他化合物　伞花烃、苎烯、α-珂巴烯、苯乙烯、4-己炔内酯、桉树脑、萘、乙烯基苯基醚、对-甲氧苯基乙烯基醚、倍半萜烯乙醇、倍半萜烯二醇、蝶芪。C_{15}以上高分子量的倍半萜烯的鉴定非常困难，因为它们在结构上非常相似，质谱也相似，并且在许多情况下，一种萜烯可能有数个异构体，容易造成失误。苎烯有强烈的气味，是蜂胶气味的主要来源。

10. 碳氢化合物　主要存在$C_{21}\sim C_{33}$奇数碳直链碳氢化合物，来自蜂胶和蜂蜡两方面。

11. 矿物质　主要有钙、磷、钾、硫、钠、镁、铁、钴、铜、锰、钼、锌、铅、锡、硒等30余种。

12. 氨基酸类　蜂胶中含有18种氨基酸。其中，精氨酸含量最高，达游离氨基酸的34.3%；脯氨酸次之，约占19.5%；还有其余14种氨基酸占1.0%～5.7%；其他含量不足1.0%。

13. 酶类物质　主要含有组织蛋白酶、胰蛋白酶、淀粉酶和脂肪酶等。

14. 维生素　主要含有维生素PP、维生素A原、肌醇、维生素B_6、维生素B_2、维生素B_1、维生素E、烟酰胺、泛酸、微量的维生素H和叶酸等。

15. 蜂胶中还含有少量来源于蜂蜜的糖类物质　葡萄糖、果糖和蔗糖，只是数量极其有限，属于蜂胶的次要成分，其含量对蜂胶

的功能效应影响不大。

蜂胶中还有许多至今不被人所知的物质，有些物质只有蜂胶中存在，为蜂胶的神奇功效发挥着积极的作用。

（二）蜂胶的特性

蜂胶呈黄褐色、棕褐色或灰褐色，有时带有青绿色彩，少数色深、近似黑色，有光泽；常温下呈不透明固体，表面光滑或粗糙，折断面呈砂粒状，切面与大理石外形相似。鼻嗅有股令人喜爱的芳香气味，燃烧时发出类似树脂特殊的芳香味。品尝味微苦、略涩，有微麻感和辛辣感。蜂胶的颜色、气味和味道等会由于胶源物质不同、保存时间长短和保存条件不同等而有所差异。蜂胶有黏性和可塑性，口嚼有粘黏感，用手搓捏能软化，温度低于 15℃ 时变硬、变脆、易破碎，36℃ 时软化，60～70℃ 时熔化成黏稠流体，并可分离出蜂蜡。蜂胶的质量较重，密度随蜂胶来源不同而有差别，一般在 1.112～1.136，通常以 1.127 左右为好，蜂蜡含量高者其密度降低。

蜂胶不溶于水，微溶于松节油，部分溶于乙醇，溶于 95% 乙醇中呈栗色液体，并有颗粒状沉淀，蜂蜡含量较高时，在冷乙醇溶液中会发现不溶团块物。蜂胶易溶于乙醚、氯仿和氢氧化钠（2% NaOH）溶液，可根据不同的用途，选择不同的溶媒。

二、蜂胶的质量检验与贮存

（一）蜂胶的质量标准

目前，我国的蜂胶质量检验标准采用的是中华人民共和国国家标准（GB/T 24283—2009），于 2009 年 7 月 8 日发布，2009 年 12 月 1 日实施。这一标准规定了蜂胶及蜂胶乙醇提取物的质量，并提出了如下指标要求。

1. 感官要求　蜂胶的感官要求应符合表 3-1 的规定。蜂胶乙醇提取物的感官要求应符合表 3-2 的规定。

表 3-1 蜂胶的感官要求

项 目	特 征
色 泽	棕黄色、棕红色、褐色、黄褐色、灰褐色、青绿色、灰黑色等，有光泽
状 态	团块或碎渣状，不透明，约 30℃ 以上随温度升高逐渐变软，且有黏性
气 味	有蜂胶所特有的芳香气味，燃烧时有树脂乳香气，无异味
滋 味	微苦、略涩，有微麻感和辛辣感

表 3-2 蜂胶乙醇提取物的感官要求

项 目	特 征
结 构	断面结构紧密
色 泽	棕色、褐色、黑褐色，有光泽
状 态	固体状，约 30℃ 以上随温度升高逐渐变软，且有黏性
气 味	有蜂胶所特有的芳香气味，燃烧时有树脂乳香气，无异味
滋 味	微苦、略涩，有微麻感和辛辣感

2. 理化要求 蜂胶及蜂胶乙醇提取物的理化要求应符合表 3-3 的规定。

表 3-3 蜂胶及蜂胶乙醇提取物的理化要求

项 目	蜂 胶		蜂胶乙醇提取物	
	一级品	二级品	一级品	二级品
乙醇提取物含量（克/100 克）	60	40	95	
总黄酮（克/100 克）	15	8	20	17
氧化时间（秒）			22	

3. 真实性要求 不应加入任何树脂和其他矿物、生物或其提取物质。非蜜蜂采集，人工加工而成的任何树脂胶状物不应称之为"蜂胶"。

4. 特殊限制要求 应采用符合卫生要求的采胶器等采集蜂胶，

不应在蜂箱内用铁纱网采集蜂胶;不应高温加热、曝晒。

另外,农业部无公害食品对蜂胶的质量也做了规定,详情如下表:

(1)感官指标　见表3-4。

表3-4　蜂胶感官指标

项　目	特　征
状　态	不透明的团块或碎片,在35℃以上逐渐变软,有黏性和可塑性
气　味	有明显的芳香味
色　泽	褐色、灰褐、暗绿、灰黑色等,有光泽
滋　味	有明显的辛辣味

(2)理化指标　见表3-5。

表3-5　蜂胶理化指标

项　目	指　标
总黄酮含量(%)	≥8
氧化时间(秒)	≤22
75%乙醇提取物含量(%)	≥55
蜂蜡和75%乙醇不溶物含量(%)	≤45

(3)微生物指标　见表3-6。

表3-6　蜂胶的微生物指标

项　目	指　标
菌落总数(cfu/克)	≤1 000
大肠杆菌群(MPN/100克)	≤30
霉菌及酵母菌数(cfu/克)	≤200
致病菌	不得检出

（4）有毒有害物质限量 见表 3-7。

表 3-7 蜂胶有毒有害物质限量

项 目	指 标
铅（毫克/千克）	≤1
砷（毫克/千克）	≤0.3
汞（毫克/千克）	≤0.3
氰胺氰菊酯（毫克/千克）	≤0.05

（二）蜂胶的质量检验

平时验收蜂胶，首先要通过感官检测，进一步可做定性或定量检测，必要时再做理化分析检验。

1. 蜂胶感官检验方法

（1）眼观 将蜂胶拿到阳光充足的地方，观察其状态结构、色泽和杂质。蜂胶在常温下呈不透明的固体团块状或碎渣状。优等蜂胶表面光滑，折断面结构紧密，呈黑大理石花纹状，棕黄或棕红色等，有光泽，无明显杂质；较优品质的蜂胶表面光滑或粗糙，折断面结构紧密不一，呈砂粒状，棕褐色带青绿色，光泽较差，无明显杂质；质量较差的蜂胶表面及折断面结构粗糙，有明显蜂体残肢、木屑、麻丝和其他夹杂物等杂质，颜色灰褐，无光泽。少数蜂胶色深与黑色相近，选购时色泽特异者应谨慎，最好作化学分析鉴定。

（2）鼻闻 打开蜂胶块，立即嗅其气味，纯蜂胶有令人喜爱的芳香气味。再一方法是取少许样品置于玻璃板上点燃，蜂胶燃烧时能够散发树脂乳香气味。

（3）口尝 蜂胶口尝时味苦，略带辛辣味，咀嚼时有黏牙感。若有松香味或恶臭味可疑有杂，应作化学分析鉴定。

（4）手捻 蜂胶有黏性，20～40℃时胶块变软，20℃以下胶块发硬，变脆。优等蜂胶用手捻搓质地较软，质量差的蜂胶捻搓较硬。

2. 蜂胶定性检测 作定性检测必须事先将蜂胶溶于 95％乙醇

93

中，浸提 24 小时（其间摇荡 3~5 次），制成含量 1% 的蜂胶乙醇液，以其作下列定性检测。

（1）黄酮化合物

①镁粉-盐酸试验：取蜂胶乙醇溶液 1 毫升于试管中或白瓷板上，加盐酸数滴及镁粉少许，呈现红色反应。

②碱性试验：将蜂胶乙醇溶液滴于滤纸上，置氨水上熏蒸 1 分钟，立即在荧光灯下观察，显黄色、棕黄色荧光。

（2）酚类化合物

三氯化铁试验：取蜂胶液 1 毫升，加三氯化铁试液 1 滴，呈现蓝紫色反应（也可采用硅胶薄板法）。

（3）内脂、香豆素类

异羟肟酸铁试验：取蜂胶液 1 毫升，加盐酸羟胺乙醇液 2~3 滴，10% 氢氧化钾溶液 2~3 滴，在水浴上微热，冷却后，加稀盐酸调至 pH3~4。然后加入 1% 三氯化铁乙醇溶液 1~2 滴，显橙红色或紫色反应（也可采用硅胶薄板法）。

（4）醛、酮类

2，4-二硝基苯肼试验：取蜂胶液 1 毫升，加入 2，4-二硝基苯肼试剂 3~4 滴，出现棕红色反应。

（5）甾类化合物

磷钼试验：取蜂胶液点于硅胶薄板上，再滴加少量磷钼酸试剂，显蓝或蓝紫色反应。

（6）不饱和脂肪酸

高锰酸钾试验：取蜂胶细粉按 1：2.5 的比例溶于乙醇中，浸泡 2 小时，然后用水稀释成每毫升 0.18 毫克干物质的溶液。取该溶液 2 毫升进行酸化，加入 0.1 摩尔/升高锰酸钾溶液 1 滴（采用 1 毫升吸管，控制 1 滴为 0.05 毫升），确定使高锰酸钾溶液玫瑰红色消退的时间（秒）称氧化指标。

3. 蜂胶定量检测

（1）水分含量、挥发物质及炽灼残渣的测定

①水分含量的测定：取洗净的细砂（过 40 目筛）2 克于称量

瓶中烘干,准确称重。放入蜂胶粉末(过40目筛)1克,再称重。与细砂混匀,先在45℃条件下烘3小时,再在105℃条件下烘至恒重,称量,计算水分含量。

②挥发性物质含量的测定:操作方法与上述水分含量测定法相同,只是将烘箱温度提高到300℃,烘到恒重,计算失重百分数,减去水分含量百分数,即为挥发性物质含量。

目前报道的对挥发性物质的提取方法还有:有机溶剂提取法、超临界CO_2萃取法、固相微萃取法、同时蒸馏萃取法及微波辅助萃取法等。

③炽灼残渣的测定:按照《中国药典》炽灼残渣检查方法进行。

(2)蜂蜡和杂质含量的测定 称取蜂胶样品5克,按1∶4的比例用乙醇提取,经过18～20℃下24小时,再置于5～7℃下冷却2小时,使不溶物沉淀。然后将溶液分离出去,再用乙醇对不溶物提取2次,所剩沉淀物即得蜂蜡和杂质总含量。

蜂蜡易溶于四氯化碳,有必要时可进一步对沉淀物进行提取。方法是乙醇不溶物置于四氯化碳溶液数小时,充分搅拌,分离出沉渣为夹杂物;原乙醇不溶物总量减去四氯化碳不溶物重量为蜂蜡含量。

(3)蜂胶乙醇提取液的pH、折光率、光密度的测定

①蜂胶乙醇提取液的制备:准确称取蜂胶粉末10克,用少量95％乙醇研成糊状,浮液转入100毫升容量瓶中,如此反复操作,直到全部蜂胶转入容量瓶中,补加乙醇至刻度。放置24小时,过滤,得10％蜂胶乙醇溶液。必要时可吸取此溶液,用95％乙醇稀释成0.5％蜂胶溶液,备用。

②pH测定:取10％蜂胶乙醇浸提液,用酸度计测其pH。

③折光率测定:取10％蜂胶乙醇浸提液,在20℃恒温下测其折光率。

④光密度测定:取0.5％蜂胶乙醇浸提液,用分光光度计在波长450纳米处测其光密度。

（三）蜂胶的包装与贮存

蜂胶常温下是固体胶状物质，虽然成分相当复杂，含有多种生物活性物质，但性质相对比较稳定。因此，蜂胶在常温下就可以贮藏，不需要特殊的环境条件。

蜂胶一般就应放在清洁卫生、干燥、通风、避光的 25℃以下的室内，有条件者可以进行低温冷藏，贮存效果更加理想。蜂胶中所含芳香挥发油类物质，极易挥发造成"走油"现象。所以，蜂胶一定要避免太阳直接射晒和暴露空间存放，要用符合国家食品安全卫生要求的蜡纸包装或装入较厚的食品塑料袋中密封贮存。分装时要按质量好坏进行分等定级分别装袋，每袋 1～2 千克，在包装上注明等级、产地、重量、采集人、采胶日期等相关事项，以备后查。此外，蜂胶不能用铁、锌等金属器皿盛装，以免造成重金属污染。蜂胶严禁与有毒、有害、有异味、有腐蚀性、有放射性和挥发性物品等同放贮藏。

蜂胶制品的保存方法和期限是否妥当，会直接影响到产品的品质和服用效果。就蜂胶的特性而言，应该在密闭、避光、阴凉处保存。密闭是因为蜂胶中的挥发油容易挥发掉；放在避光、阴凉处是为了避免阳光照晒。蜂胶中的萜烯类物质对光较为敏感，遇光易变色，在平时服用完毕，立即将瓶盖拧紧或进行密封，放在避光、阴凉处保存。蜂胶硬胶囊，尤其是蜂胶软胶囊，还要注意防潮，否则空气中的水分会被胶囊壳吸附，使胶囊壳变软、变黏，容易粘连在一起。随着保存时间的延长，蜂胶的液体产品可能会有沉淀物产生，这并没有什么关系，只要在服用前充分摇晃几下即可。

三、蜂胶的保健功效

蜂胶，作为一种天然药材，有着广泛的用途和美好的开发前景，在医疗保健方面显示出神奇的作用与独特的功效。由于蜂胶具有广谱抗菌、抑菌、消炎、止痛、抗氧化防腐等特性，为食药兼备型珍品，在医疗保健方面应用非常广泛。

（一）抗病菌

蜂胶是一种天然的广谱抗生素。对革兰氏阳性细菌、耐酸细菌特别敏感；对金黄色葡萄球菌、绿色链球菌、溶血性链球菌、变形杆菌等菌类的作用强于青霉素、四环素。蜂胶还能抑制和灭杀结核菌、枯草杆菌、炭疽杆菌、猪丹毒杆菌、幼虫芽孢杆菌、革兰氏阴性杆菌、各种厌氧菌、败血链球菌、肺炎链球菌、白喉棒状杆菌等多种致病菌的生长。

（二）抗霉菌

1%～10%的蜂胶乙醇浸液或醚浸液，对我国最为常见的医学真菌黄癣菌、絮状癣菌、红色癣菌、铁锈色小孢子菌、石膏样小孢子菌、羊毛状小孢子菌、大脑状癣菌、石膏样癣菌、断发癣菌、紫色癣菌等有较强的抑制作用。

（三）抗病毒

蜂胶乙醇浸出液对 A 型流感病毒有灭活作用，利用这一特性，可用蜂胶液滴鼻或制成喷雾剂，用来预防和医治流感等常见病症。蜂胶、蜂王浆与干扰素配合还可使抗病毒活力增强，可有效抑制和灭杀各种疱疹病毒、腺病毒、日冕病毒、脊髓灰质炎病毒等多种顽固性病毒。

（四）抗原虫

蜂胶具有抗原虫的作用，尤其对鞭毛纲、孢子纲和纤毛纲原虫作用显著。蜂胶乙醇提取物用以治疗阴道毛滴虫，用药 24 小时就显示出明显效果。由此可见，蜂胶可用来制作无毒的杀虫剂。目前已有人将蜂胶制成蜂胶香水，这种香水不仅香气宜人，而且还可以用来驱蚊、蝇、跳蚤和虱子。

（五）抗氧化

蜂胶有很强的抗氧化能力，并能使超氧化物歧化酶（SOD）活性显著提高。利用氧是生命运动的基本特征，但是，氧代谢过程会不断产生自由基，过剩的自由基作用于细胞膜及血液中的脂类物质，形成脂质过氧化物，沉积在细胞膜上，使细胞膜功能丧失，细胞活力下降。机体衰老过程即源于自由基对细胞及组织的损害。随着年龄增长，氧化还原能力与防护系统功能减退，自由基的产生与清除会失去平衡，自由基损害长期积累，从而导致衰老与死亡。

蜂胶是公认的天然抗氧化剂，能稳定和清除自由基，减少脂质过氧化物和脂褐素的生成与沉积，可保护细胞膜、增强细胞活力，调节器官组织功能，有效延缓衰老。

（六）促进肌体免疫功能

通过对大鼠、小鼠、豚鼠、家兔、猪、牛犊的实验证明，应用蜂胶或配合抗原引入肌体，能增强肌体的免疫功能。小公牛注射副伤寒抗原时加入蜂胶提取液，可有效刺激免疫机能，使其功能提高，从而增加抗体能量和增强吞噬细胞能力。试验证明，用蜂胶作免疫佐剂比用皂素作佐剂的大鼠淋巴结浆细胞增生强 3.7～6 倍，其血清凝集素滴度高 3.7～4 倍。用相当于蜂胶干物质 2.4 毫克的蜂胶乙醇提取液饲喂体重 1 千克的家兔（体重提高，用药量也按此比例增加），其丙种球蛋白增长迅速，从而对抵御疾病产生着直接作用。蜂胶还可作为破伤风类毒素免疫过程中增长非特异性和特异性免疫因子的刺激剂。蜂胶可以对非特异性免疫系统以及特异性免疫系统的多个环节多个途径发挥作用。蜂胶能有效提高巨噬细胞的活性、吞噬能力和抗氧化能力，降低其氧化应激反应，调节其细胞因子的分泌；增加自然抗御病原细胞的活性；调节多形核粒细胞的活性，可有效抑制病原细胞的繁殖。

（七）调节内分泌

蜂胶中含有丰富的营养成分和活性物质，能有效地调节和提高人体的内分泌功能，修复病变、衰弱的组织器官，使植物神经机能保持正常的积极运作。内分泌系统对人体发挥着调节生理机能的重要作用，随着年龄的增长和器官的老化，内分泌功能也会出现衰退，受某些因素影响甚至出现紊乱，均可对肌体产生严重的后果。服用蜂胶可有效强化内分泌系统的功能，从而起到防病治病的效果。例如，蜂胶可以帮助中年男女很好地渡过更年期，使更年期反应大大减轻。

（八）促进组织再生

蜂胶具有帮助炎症消退、促进组织再生及促使坏死组织脱落的功能。在18世纪末，英国与南非战争期间，蜂胶就被军医用来治疗创伤。医药专家将甲、乙两组家犬的颈部用套管切割皮片，分别造成直径2厘米的创伤。甲组每日涂用一次4％蜂胶乙醇溶液，乙组用其他的药物按常规治疗作为对照。结果，甲组4～5天创面明显缩小，6～9天痊愈，而乙组却比甲组缓慢3～5天。临床及试验证明，蜂胶制剂用于治疗各种创伤和深度烧伤效果尤其明显，对骨、软骨、牙齿损伤等有极好的促进组织再生和加快创伤愈合作用。

（九）促进动物生长发育

蜂胶可以促进肝细胞的能量代谢、蛋白质及核酸合成和生物膜转运等功能，有利动物的生长发育。生物学家做了如下试验：选用体质、重量完全一致的仔猪20头，分为甲、乙两组，除喂普通饲料外，甲组10头每日给予5％蜂胶牛奶100毫升；乙组的10头给予同量的牛奶而不加蜂胶。结果，甲组食欲良好，鬃毛光滑，精神饱满，数日后称重，甲组净增52千克，乙组仅增28千克。给小鸡的基本饲料中添加0.05％的蜂胶乙醇乳剂，发现小鸡的体重比不

喂蜂胶组增长 $11.6\% \sim 23.1\%$。

(十) 抗癌抑癌

大量的动物试验和研究及实践证明，蜂胶具有明显的抗癌抑癌作用，主要可用于防治腹水癌、鼻咽癌、乳腺癌、结肠癌、胸腺癌、肺癌、胃癌、白血病等多种癌症，以及红斑狼疮等疑难杂症。其效果尤为理想。蜂胶的抑癌作用主要是其黄酮类化合物和槲皮素、鼠李素、高良姜素的作用，这些物质对各种癌细胞非常敏感，甚至食用较低浓度的蜂胶液亦能发挥较好的作用，这一点已引起抗癌专家的高度重视。

蜂胶的抗癌机理主要是：

（1）抗氧化、清理自由基作用。研究表明，氧自由基和脂质过氧化物可以使 DNA 损伤、交联，从而引发癌变。而蜂胶中的黄酮类化合物是抗自由基和过氧化脂质的有效成分，具有很强的抗氧化作用，可以有效地消除自由基的伤害。

（2）蜂胶中的黄酮类化合物可以分解和破坏致癌物的毒性，在抗癌过程中起"阻断剂"的作用。

（3）抑制致癌物产生。天然的黄酮类化合物可以诱导机体分泌苯芘羧化酶，以解除黄曲霉等致癌物对机体的毒性。

（4）抑制肿瘤组织（瘤体）血流量供应其所需营养，从而起到抗癌作用。

国外研究报道，蜂胶能促使肝癌 Hep G2 等数十种癌细胞的凋亡，对之有极显著的抑制和灭杀作用。若蜂胶与蜂王浆配伍使用其效果会更好，大大增强了对肿瘤细胞的敏感性，提高了对肿瘤细胞的杀伤率，能够起到协同抗肿瘤作用。

(十一) 净化血液

蜂胶能使心脏收缩力增强，呼吸加深及调整血压，净化血液、改善微循环、调节血脂。1975 年，房柱教授发现蜂胶降血脂效应，且降脂效果非常明显，随后又发现，蜂胶对高血压、高胆固醇、高血液黏稠度有明显调节作用，能预防动脉血管内胶原纤维增加和肝内胆固醇堆积，对动脉粥样硬化有防治作用，能有效清除血管内壁积存物，抗血栓形成，保护心脑血管，改善血液循环状态及造血功能。蜂胶还可及时清除体内自由基，并有效净化血液，被称为"血管清道夫"。

(十二) 防治糖尿病

蜂胶中的黄酮类化合物能促进胰岛-β细胞的恢复，改善机体组织和器官的糖耐量，降低血糖和血清胆固醇，对抗肾上腺素的升血糖作用，同时，还能抑制醛糖还原酶，有效治疗糖尿病的并发症。蜂胶中的萜烯类物质可以配合黄酮类物质，促进外源性葡萄糖合成肝糖原的作用，而且这些物质中的梓醇、蝶芪等物质，具有明显的保护胰岛细胞的作用，可以有效地调节人体内的血糖水平，使人体保持正常的血糖指标。由此可见，蜂胶既有预防糖尿病的作用，在临床上也有较好的治疗作用。

(十三) 保肝护肝

蜂胶中的黄酮类等物质对肝脏有很强的保护作用，能够解除影响肝脏的毒素，防止肝中毒。蜂胶中的木脂素可以改善有毒物对肝脏的危害，对受损的肝细胞有促进恢复的功效。蜂胶中的萜烯类物质有降低丙谷转氨酶的作用，对肝脏有明显的保护作用，可以促进肝细胞再生，防止肝硬化。

(十四) 解除疲劳

蜂胶能提高三磷酸腺甘酶（ATP酶）的活性，从而生成更多的ATP，在代谢过程中，释放出能量，因此被称为能量与活力之源。体内能量充裕，肌体代谢顺畅，有效地清除体内代谢废物，就可以恢复人的体力，使人精力旺盛、朝气蓬勃。1997年，吴粹文研究员报道：通过给食蜂胶口服液，小鼠负重游泳和爬杆时间大大延长，在运动时血糖血乳酸和尿素含量显著改善或强化，说明蜂胶有明显的抗疲劳作用。

（十五）局部麻醉

早前，战地医生曾将蜂胶用于外科手术，不仅有极好的促进伤口愈合的作用，还有很好的麻醉止痛作用。现代临床中，口腔科医生将蜂胶用于治疗各种牙痛，不仅有极好的麻醉止痛作用，还有显著的灭虫、消炎效果。蜂胶与普鲁卡因有协同作用，有医学报告证明，将 0.03％蜂胶乙醇溶液加入 0.25％普鲁卡因溶液中，其麻醉效应比单用普鲁卡因提高 14 倍。

（十六）戒烟功能

吸烟危害健康，这是尽人皆知的常识。由于吸烟对人体多方面的危害，称其为"健康杀手"是再恰当不过的了。1979 年，王振山研究员发现蜂胶有戒烟作用，李春福教授主持下，于 20 世纪 80年代组织北京 10 家权威医院，开展大规模临床验证，统计结果表明：有效率 90％，且无任何不适感与戒断反应。专家认为蜂胶戒烟机理有三：①蜂胶改善血液循环，净化血液，血液带氧能力增强，脑组织与心肝供氧充足，减少了对烟草的依赖性。②蜂胶可调节植物神经功能紊乱，增强自律效应，减弱条件反射激发的吸烟欲望。③蜂胶的独特口感，持久于口腔黏膜与舌部味蕾，使吸烟者淡薄吸烟享受感。

（十七）防治脱发

脱发的原因有很多，各有不同起因，又有一定的内在联系，可以归纳为人体各种生理活动出现紊乱，免疫力降低的病理现象所致。而蜂胶所具有的抗菌消炎、调节内分泌、促进机体免疫功能、改善微循环、净化血液的综合作用，对防治脱发有较好的效果。当前市场上出售的防治脱发制品中，很多含有不同量的蜂胶提取物。

（十八）防腐保鲜

目前，由于化学保鲜剂存在的潜在危害，引起人们对食品中添加化学保鲜剂这一问题的重视度越来越高。为了满足消费者的要求和顺应市场，无毒的食品保鲜剂已广受欢迎。而蜂胶凭借其具有广谱抑菌、抗氧化等功能，以及其含有多种对人体有益的生物活性成分，可作为理想的天然保鲜剂，用之保鲜果蔬、肉及肉制品、禽蛋、乳制品、水产品、食用油脂等食品，可大大延长保鲜期，有效防范食品腐败变质，并可提高营养价值。

（十九）抑制植物萌芽

实践证明，蜂胶能抑制马铃薯块发芽和莴苣、稻谷、大麻等植物种子萌发。这种抑制作用延长了作物种籽的库存期限，从而有利于人们按照生产计划去安排生产。

四、蜂胶的美容功效

追求美貌是人的共性。达到体健貌美的目的，需要多方面因素，其中尤为主要的一条是肌体的内在因素。中医学家经过多年的研究，总结出"心华面、肺荣毛、脾荣唇、胃肠合则润色"的理论，精辟地分析了健全的组织器官与养颜美容的辩证关系。蜂胶是天然美容物质，既可食用，又可外用。食用蜂胶能全面调节器官功能，修复器官组织的病变损伤，消除炎症，促进组织再生，调节内分泌，改善血液循环状态，促进皮下组织血液循环，从而达到在全面改善体质的基础上，防治皮肤病变，分解色斑、减少皱纹、消除粉刺、青春痘、皮炎、湿疹，从体内创造一种适应体健、颜美、色润的内在条件。由于皮肤组织恢复了生理平衡与生机活力，使肌肤呈现自然美并细腻光洁、富有弹性。

蜂胶外用的效果也非常明显，主要是将蜂胶提取液直接或掺到化妆品中涂敷脸面，可起到营养滋润皮肤，并有很强的杀菌、消炎、止痒、防冻、防裂、抗感染等功能，其效果是其他化妆品远不可及的。

蜂胶用于化妆品中，主要可起到以下几方面作用。

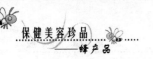

一是抗氧化：在化妆品中有些成分易受氧化作用而变质，所以常常需要加入抗氧化剂。据研究，浓度为 0.05％的蜂胶提取物，其抗氧化作用相当于 0.05％丙基没食子酸盐（一种常用的抗氧剂）的一倍。含有蜂胶的化妆品，有较好的抗氧化性，有利于保证产品在存放过程中质量的稳定性。

二是抗菌：化妆品有严格的卫生要求，为了防止菌类繁殖及产品变质，化妆品中往往需要添加防腐剂。蜂胶是一种天然的防腐剂，具有广谱抗菌作用。将蜂胶添加到化妆品中，不仅有较好的防腐性能，还有利于保证和提高产品质量。

三是增加营养：在护肤脂膏类化妆品中，适当加入蜂胶，可被皮肤直接吸收。据日本的濑长良三郎的著作介绍，蜂胶中含有多种营养成分。如维生素 B_1、维生素 B_2、维生素 B_6、叶酸、泛酸、肌醇、烟酸、维生素 H、亚油酸、亚麻酸以及各种氨基酸、微量元素等。这些营养成分被皮肤吸收以后，可以促进皮肤的新陈代谢，维持皮肤健康。在化妆品中加入蜂胶，可以增加对皮肤的营养供应。

四是特殊功能：蜂胶具有许多特殊功能，可用来制作某些具有特殊用途的化妆品。蜂胶不仅用于养颜美容，还可以制作保护头发或促进头发再生的洗发或护发化妆品。蜂胶具有消炎、止痒、止痛的作用，对治疗青年人面部出现的粉刺有奇特的效果，对保持面部卫生与保健也有显效。

五、蜂胶的临床应用

早在 1 000 多年前阿拉伯《医典》中就写到蜂胶，其中描绘的黑蜡即指蜂胶；19 世纪初许多医学发达国家，就曾介绍用蜂胶治疗外伤和肿瘤；第二次世界大战期间，苏联军医在战地便用蜂胶治疗创伤，其止痛及灭菌消炎等作用得到了充分印证。现今，国内外有很多报道和科研成果及临床实践，均证明了利用蜂胶可治疗多种病症，并有不少大医院成立了蜂疗部，连云港还建立了规模较大的蜂疗医院，全国各地蜂疗医院、蜂疗门诊遍地开花，利用蜂胶治疗多种疾病特别是一些疑难病症，取得了显著的效果和进展。

（一）皮肤科疾病

皮肤科医生用 2％蜂胶酊外抹患处，治疗由各种致病霉菌引起的浅部霉菌病，有效率达 82.5％；蜂胶对多种癣病有一定效果，如脚癣、体癣、手癣等，以脚癣有效率最高，有效率可达 93.3％；用蜂胶片治疗深部真菌病（着丝真菌病）有效率为 77.2％；蜂胶是治疗手、脚鸡眼的良药，治愈率在 95％以上。蜂胶还能治疗牛皮癣、湿疹、皮肤瘙痒症、真菌性头癣、脱发症、斑秃等。利用蜂胶还可以治疗多种皮肤病，如带状疱疹、扁平疣、寻常疣（瘊子）等病毒病，毛囊炎、汗腺炎、疖等球菌病、皮肤结核等杆菌病、晒斑、射线皮炎、神经性皮炎、皲裂、玫瑰糠疹、脱屑性红皮病、寻常痤疮等，都有较好的疗效。

1. 带状疱疹 研究表明，蜂胶提取物对带状疱疹病毒有很强的杀灭作用，且可消炎、止痛。用蜂胶口服、外涂治疗带状疱疹，有疗程短、见效快的特点。医学报告证实，某些带状疱疹患者，用各种方法均无效，且已溃烂，后改用蜂胶治疗，每天在患处涂抹一次蜂胶酊与蜂蜜的混合膏。搽后疼痛缓解，5 天左右患部开始干燥结痂，7 天左右痊愈。

2. 湿疹 用加有氧化锌的蜂胶软膏对湿疹、神经皮炎、营养不良溃疡等皮肤病进行治疗，1 个月治愈率高达 90％以上，而且没有任何毒副作用。有些患者患湿疹多年，用药均无效，改用蜂胶治疗却收到意外效果：将蜂胶软胶囊中的蜂胶液挤出涂于患处，一天一次。1 周后，小红疹消失，患处也不痒了，继续涂抹一段时间，湿疹便治愈了。

3. 头癣 头癣是真菌感染头发和头部皮肤的一种疾病，患者得病后奇痒难忍，还会引起发炎、头发脱落，给患者带来肉体和精神上的极大痛苦。用蜂胶酊外擦和内服治疗多例此症患者，其治愈效果很好。医学报告介绍，患有头皮屑脱落症患者，每天衣服及领

口布满白白的头皮屑，奇痒，多方求医无效，用蜂胶酊擦洗头部数次，1周后痊愈。

4. 脚气 即足癣，患者用多种方法治疗，疗效不佳，后改用蜂胶治疗，将2％蜂胶酊2毫升兑热水1 500毫升，每晚泡洗20分钟，然后再用蜂胶酊涂擦患处。2天后痒感消除，经这样反复5次脚气便治愈了，且一般不再复发。

5. 疔疮 医学报告介绍，患面部疔疮，用消炎药效果不佳，可改用蜂胶治疗。把蜂胶捏成薄片敷于患处，外用纱布固定。1天后疼痛缓解，隔天换药时，红肿消退，凸起疮面变平，到第5天基本痊愈。另有患者每年夏天都生"热疖"，经多方治疗无效。后改用蜂胶治疗，3～4天疼痛缓解，红肿消退，效果很好。

6. 银屑病 陕西大荔县蜂产品研究室史杰山，用蜂胶制剂治疗185例寻常性银屑病，年龄最小者1岁，病程最短者30天、最长者45年，以2～5年者最多。用含15％蜂胶、5％蜂蜡及适量基质制成贴剂，每次贴用5～7天，一般贴用3次。结果，基本痊愈者58例，占31.4％；显效者39例，占21.0％；好转47例，占25.4％；无效41例，占22.2％。

（二）耳鼻喉、口腔疾病

由于蜂胶具有麻醉、消炎、促进组织再生等作用，用其治疗耳鼻喉、口腔疾病有特殊疗效。蜂胶在治疗口腔炎、口腔黏膜病、口腔溃疡、腮腺炎、中耳炎、鼻炎、牙龈肿痛、慢性咽炎、上呼吸道感染等都有很好效果。用蜂胶油膏或滴剂治疗中耳炎或鼻炎，一般用药3～4次，10～15天可痊愈，也有3～4天痊愈。有专家报道，用蜂胶、独活、金银花、甘草等制成酊剂，治疗由龋齿、牙髓炎、牙周炎、三叉神经疼、牙敏感症等引起的急性牙痛患者，一次有效率达98％，复发率仅2％，效果非常明显。

1. 口腔炎、口腔黏膜病 用蜂胶、蜂蜜、柠檬酸钠、蒸馏水，配制成含1.5％蜂胶的漱口溶液，在口腔内含漱，每天2～3次，3～5天即显效。另外，用蜂胶做成药膜贴敷于溃疡面上，每天3～

5 次，效果甚佳。医学报告报道：用蜂胶乙醇浸膏治疗慢性复发性口疮 80 例，其中 85％涂药后 2～4 小时止痛并正常进食，24～48 小时见有口腔黏膜上皮形成；10％在 24 小时后止痛，3 天内创面愈合；只有 5％经过 6 天治疗溃疡面方愈合。严碧仙医生用蜂胶 50 克、聚乙烯醇 7～9 克、螺旋霉素 0.1 克、维生素 B_2 5 毫克、蒸馏水 50 毫升、甘油 3～5 毫升，制成蜂胶薄膜，用以治疗 66 例口腔黏膜溃疡，其中显效 49 例、占 74.4％，有效 15 例、占 22.7％，无效 2 例、占 3％。

2. 顽固型复发性口腔溃疡 有医生用蜂胶配合多种中草药制成膏，用于治疗顽固型复发性口腔溃疡病患 11 例，快者 3～5 天即见效，一般服药 10 天，均痊愈，绝大多数无复发，只有 1 例在 15 天后复发，但复发面小，症状轻，经再服药 5 天即愈合。其余患者随访 2 年以上未见复发。服用方法，每天服用 3～5 次，每次一小勺，口含药膏 5 分钟后徐徐咽下。

3. 鼻黏膜糜烂 医学报告报道，用蜂胶、蜂蜡甘油制成蜂胶膏，用于治疗 280 例鼻黏膜糜烂患者，其中 189 例痊愈，74 例好转，总有效率 94％，1 周内治愈的占 246 例，占患者总量的 87.9％。

（三）内科疾病

蜂胶还用于各种胃病、肠胃炎、呼吸道疾病、心脑血管疾病、糖尿病及其并发症、肝炎、结肠炎、肾衰竭、消化不良症、痢疾、胆结石、前列腺炎、肺炎、乳腺炎、胰腺炎、淋巴结核、更年期综合征、老年痴呆症、尿路感染等各种疾病。

1. 胃病 蜂胶具有抗菌、消炎的功效，对胃病、胃及十二指肠溃疡等有很好的医疗功效。临床实验证明，用蜂胶治疗胃及十二指肠溃疡，每次服用 10 滴 10％蜂胶酊，每天 3 次，其中 90％以上患者 3～5 天有明显好转，胃液酸度趋向正常，30～35 天即可痊愈，胃分泌机能恢复正常。张震等应用 20％乙醇蜂胶酊治疗胃溃疡，成人每次 1 毫升，加温水至 100 毫升，饭前 15 分钟服用，每

天 3 次，30 天为一疗程，2 个疗程后溃疡愈合率达 71.93％。医学研究与临床实践证明，蜂胶治疗肠炎等肠胃病疗效显著，没有任何副作用。胃痛患者服用蜂胶丸，1 周之后，胃痛得到缓解，饭后胃胀也明显减轻，15 天后胃病各种症状大大减轻，胃痛、胃胀、嗳气、反酸状况基本消失，1 个月后痊愈，经医院检查，幽门螺旋杆菌感染转阴，说明病因被根除。蜂胶治疗胃病，主要有以下优点：疗效短、治愈快；费用少；无毒副作用、安全可靠；天然抗生素，不会引起肠道菌群失调等。

2. 心脑血管疾病 蜂胶对心脑血管系统的高血压、心脏病、脑血栓、脑溢血、动脉硬化和视网膜病变等患者都有一定的治疗效果。房柱教授用蜂胶片内服治疗高脂血症，多数高血脂患者服用蜂胶治疗 3 个月后，均收到理想的效果，血液各种指标趋于正常。花美君医生对高脂血症患者，在饭前口服 30％蜂胶酊 20 滴，每天 3次，同时服用蜂胶片每次 3 片，服药后血液黏度降低，自觉头脑清晰，反应灵活，肢麻消失，尤其冠心病组，无一例发作。

3. 肾功能衰竭 蜂胶治疗肾功能衰竭，重在调理内脏，激发和恢复各种脏器功能，增强自身免疫，促进代谢和抗病能力，使各种症状趋于正常。医学报告报道，年老体弱患者，易患肾衰、肾萎缩或高血压、冠心病、心动过速，心绞痛、痛风和偏头痛等症，许多老年人由于多种疾病缠身，苦不堪言。医生用蜂胶配以蜂王浆、蜂蜜制成蜂胶合剂，每次 20 毫升，每天早晚各一次，坚持服用 1个月后，绝大多数老年人便秘治愈，浮肿减轻，偏头痛好转。服用2 个月后，浮肿消失，血压日趋正常，偏头痛消失，心绞痛发生次数减少。继续坚持服用蜂胶合剂，1 年后，多数老年人说话声音洪亮，身体不适症状大都消失，精神状态大为改观，感觉有气力。有些患糖尿病并发肾炎、肾衰的老年人，服用一段时间蜂胶合剂后，肾功能得到恢复，多尿等症状明显好转或消失。

（四）外科疾病

蜂胶对灼伤、慢性溃疡、各种创伤伤口愈合、关节炎、痛风、椎间盘突出、骨质增生、灰指甲、痔疮等均有疗效。

1. 灼伤、溃疡 早在 20 世纪 60 年代，苏联医生就成功应用蜂胶软膏治疗灼伤面积占体表 75% 以内的重度患者 830 例，均收到理想效果。李长义医生将蜂胶配成 10% 或 5% 的乙醇溶液，治疗烧伤 43 例，其中Ⅰ度 6 例，浅Ⅱ度 29 例，深Ⅱ度 8 例，其脱痂愈合平均天数为 3.5 天、9.4 天和 23.5 天。1 个月后瘢痕肤色恢复正常。用此制剂治疗各种皮肤损伤 367 例，用药后 24 小时内局部红肿明显减轻，创面暴露，无须包扎，无一例感染，5～6 天薄痂脱落痊愈。

2. 关节炎 关节炎患者多数久治难愈，医生用蜂胶对其治疗，却收到意外的效果。一是用复方蜂胶酊涂擦患处，早晚各一次，每次 2～3 分钟，使药物渗入毛孔；二是内服蜂胶丸，每天 2 次，每次 2 粒，饭后服用；三是服用蜂王浆或王浆幼虫补充营养；四是用蜂蜇刺患处。经过 1 个多月治疗，病情缓解，疼痛减轻。3 个月后，关节红肿消退，僵硬的腿关节变灵活，可伸腿弯腰。5 个多月后基本痊愈，关节功能及体力恢复。

蜂蜇治疗风湿性关节炎有特效，最简便的方法是：第一天在病痛关节附近用半死的蜜蜂轻轻蜇一下，马上剔除蜇针，观察是否过敏或有不良反应。如无过敏或不良反应（有点红肿属正常），第 2 天起以活蜂蜇刺，分别在病关节处蜇一针，在另一关节处蜇一针，之后每天递增一针，15 天为一疗程，周身的关节处基本都得到治疗。一个疗程后病情得到明显缓解，间隔 15 天后作第二或第三疗程治疗，一般 3 个疗程后，症状基本消失或痊愈。

3. 痛风 将枸地芽捣烂，加适量蜂胶酊装袋，将药袋包扎在患处，每天换药一次，连续治疗 6～8 天，可使痛风症状明显减轻。有些患者患痛风 20 余年，经各种治疗均无效，用上述方法治疗6～7 天即治愈，且不易复发。

4. 颈、腰椎间盘突出，骨质增生 洪德兴经十几年的研究，制成一种以蜂胶、蜂毒为主原料的黑膏药，经 2 380 名患颈、腰椎间盘突出、骨质增生等骨疾患者的临床治疗，取得了医、患均满意

的效果。患者中一贴见效，可解除疼痛能正常工作和生活的达1 535例，占 64.5％；一贴有好转继续贴第二贴的达 602 例，占25.3％；二贴有好转继续贴第三贴的达 157 例，占 6.6％；一贴无效中途放弃的有 86 例，占 3.6％。

5. 甲床坏死 多例甲床坏死患者，无药能治，医生改用蜂胶酊外涂，方法是将配制好的蜂胶酊滴进受伤的指甲缝中，不需包扎，3～5 天上药一次。到第 6 周时，病灶部分缩小。经过坚持治疗 100 天后，甲床得到康复，可剪去病区的病指甲，修整新指甲，甲床坏死可得治愈。

6. 无名肿痛 鉴于蜂胶的复杂成分，蜂胶对无名肿痛及个别疑难病症有奇效。据医学报告介绍，医院先后接诊到 3 位胳膊窝内长一肿块的患者，采用吃药贴膏药都无效，并且疙瘩越来越大。于是，改用蜂胶治疗，将蜂胶块经加热软化后贴于患处，每天贴敷一贴，5 天后，疙瘩逐渐减小，15 天后消失。有一患者，大腿内侧有一肿块，巴掌般大小，用蜂胶贴敷患处，15 天后症状消失，且无复发。

（五）妇科疾病

蜂胶应用于妇科，可治疗痛经、宫颈糜烂、糜烂性宫颈外翻、宫颈内膜炎、阴道炎、阴道滴虫等病症和妇科手术后阴道创面的愈合等。

1. 原发性痛经 用蜂胶为主料制成冲剂，治疗原发性痛经 27例，方法是将蜂胶同中草药研磨后分装，每包 20 克，每次取一包用沸水冲泡，分 2～3 次代茶温饮，每天 1～2 包。15 天为一疗程，连续服药 2 个疗程后，19 例痊愈，6 例症状明显减轻，总有效率达92％。治疗服用期可选在月经来潮前 5～7 天服用。

2. 阴道疾病 医生用蜂胶片治疗阴道滴虫患者 12 例，每天阴道内用蜂胶片 1 片，治疗 10 天后进行检查，再没查出滴虫，全部治愈。蜂胶对厌氧菌特别敏感，所以对造成阴道炎等症的一些妇科疾病有奇效。治疗方法比较简便：取无菌棉球蘸足蜂胶酊，做成药

球，也可用蜂胶做成药丸或片剂，塞入阴道内，每天一丸，连用5～7天即可显效，对阴道炎、宫颈内膜炎、宫颈糜烂、糜烂性宫颈外翻、阴道滴虫等病症和妇科手术后阴道创面的愈合等，均有理想效果。治疗妇科疾病时，在内塞的同时，若配合口服效果会更好，见效也更快。大量临床实践证明，蜂胶易溶于肠道内，疗效显著，无刺激性，使用安全。

（六）癌症

在临床实践中，可用蜂胶治疗多种癌症。用药方法，可按日服20％蜂胶酊 3 毫升、鲜蜂王浆 10 克、蜂蜜 50 克制成的蜂宝合剂，分早晚 2 次空腹服用，每日一剂，连续服用，可收到理想效果。肿瘤病人在服用蜂宝合剂的同时，配合用 X 射线进行治疗，其效果会更加理想。原因是蜂胶的抗逆及提高免疫力作用，加上蜂王浆提高造血的功能，增强了吞噬细胞的繁殖与活力，弥补了因 X 射线杀伤的白细胞的损失，也就明显提高了 X 射线杀灭癌细胞的功效，故而增强了抗癌抑癌的治疗效果。

六、蜂胶的保健制品

蜂胶与蜂蜜、蜂王浆等蜂产品的区别之一，在于其不能直接入口。这是因为，蜂胶在生产、采收等过程中，难免混入蜂蜡、铁丝头等多种杂质，容易造成重金属含量偏高。如铅含量问题，我国食品卫生法规定，食品中铅含量不得超过 1 毫克/千克，而蜂胶中每1千克原料含铅往往高达几十毫克，这是个世界性问题，长期困扰着蜂胶的生产和应用，而这样高的铅含量是不能直接入口食用的，必须经过加工提取过程，将铅等有害成分降下来方可食用。蜂胶的提取介质比较多，平时最为常用的是乙醇（食用酒精），采用科学提取工艺，用乙醇反复浸泡提取蜂胶去除不溶物及不益物质，根据应用目的制成浓度不一的蜂胶乙醇酊（液），或回收乙醇后成为膏状及其他状态，再将之应用到不同用途或制品中，既可较好地利用

蜂胶的各种成分，又可有效地排除蜂胶中铅等毒副作用。

蜂胶制品种类较多，主要分作医药品和保健品两大类，在国际市场上有些品牌影响甚大，如丹麦的"北欧蜂胶"、挪威的"蜂胶晶"、西班牙的"维健齿"等产品，均享有一定的盛誉。拉美一些国家曾掀起蜂胶热，且长期久盛不衰，被广泛应用到健身、治病及日用生活中。国内现代化大批量开发蜂胶产品是近二三十年的事，北京、江苏等地已研制出数十种蜂胶产品，经国家卫生部批准的卫健字批号产品就有十几个。这些产品投入市场后，很快引起广大消费者的青睐，有的品牌甚至在瞬息万变的市场竞争中独占鳌头，成为营养保健品市场上一枝独秀的紧俏品。

1. 蜂胶酊（蜂胶乙醇液） 蜂胶酊，即蜂胶用乙醇提取除渣后的蜂胶乙醇液，这种剂型应用比较广泛，既可内服，又可外敷，便于存放和应用，制作也比较简便，所含蜂胶乙醇比例以 $1\%\sim 30\%$ 不等，可根据使用目的及方法灵活配制，蜂胶酊也称作蜂胶液等，可单独应用，也可作为母液用以配制很多剂型，还可作为强化剂兑入温水、粥、牛奶、果汁及其他一些饮品、保健品、药品中应用。

2. 蜂胶胶囊 将蜂胶粉或蜂胶提取膏配以辅料装入胶囊，按一定剂量分别制成硬胶囊或软胶囊，服用时尤其方便，也便于掌握合理的剂量，是一种理想的蜂胶制品，主要用来内服，也可用作栓剂，将之塞入阴道、肛道使其自然溶化，可较好地灭杀病原虫，起到消炎、灭菌等作用。

3. 蜂胶片 采用蜂胶浸提膏，配以淀粉、氢氧化铝粉、硬脂酸镁等填充料，采用科学方法制成蜂胶片，每片含蜂胶 $0.05\sim 0.1$ 克，可根据需要分期定量服用，不仅可以健身强体，还可用之治疗高血脂及内科、妇科各症。

4. 蜂胶丸 将蜂胶提取后回收乙醇，制成纯蜂胶，冷却后进行粉碎，调入可溶性淀粉等辅料，制成 $1\sim 2$ 克重的小药丸，用作内服治疗多种疾病。这种药丸便于掌握剂量，且便于携带、贮存和服用。小粒蜂胶丸可用于治疗妇科诸病，直接塞入阴道内，可有效地医治阴道炎、盆腔炎、宫颈炎、各种阴道滴虫等。

5. 蜂胶粉　用乙醇提取蜂胶后，使用仪器回收乙醇，制成纯蜂胶，经冷冻后进行快速粉碎，制成纯净蜂胶粉，再根据其用途添加不同的辅料，制作成不同配比的蜂胶粉，分装成小袋，每袋含纯蜂胶 0.05～0.1 克，密封低温（高温易致粘连）贮存，服用时以温热水冲下，尤为方便。

6. 蜂胶蜜　将蜂胶提取液按一定比例调入蜂蜜中，搅和均匀，制成蜂胶蜜，每日定量按时服用。这种剂型集中了蜂胶与蜂蜜的双重特点，服用方便，口感较好，作用越发显著，适用于肠胃消化道疾病的防治，对胃溃疡等疾患有很好的疗效。

7. 蜂胶酒　蜂胶酒是最为常用的一种剂型，这种剂型适用于家庭及通常人家，必要时也可自行制作，最为简便的制作方法是：称取蜂胶原料 100 克，放入低温冰箱中冷冻数小时，取出后进行粉碎，浸入 500 毫升 95％ 食用酒精中，保持 20℃ 以上，浸泡 5 天以上，每天摇荡 2～3 次，使之充分溶解提纯。静置 1 天，抽取上清液，过滤除渣，再加 500 毫升酒精以同样方法对残渣进行二次提取，完成后合并两次提取液，再用低度优质白酒进行勾兑，稀释到 5 000 毫升，制成含量为 2％ 的蜂胶酒，也称作蜂胶液。蜂胶含量可根据需要因人而定，能喝酒的含量可适量低点，最低可对以上母液再稀释十倍，这种酒清澈透明，色褐味正，较好地保持了蜂胶的天然成分，且便于贮存和服用。

8. 复方蜂胶酊　复方蜂胶酊，也就是以过滤除渣后的蜂胶乙醇提取液为基本原料，再根据使用目的添加其他一些有效成分，制作成独具特色的蜂胶复方制品。内服可用以保健和治疗，外敷可用以防治各种创伤、疮患及皮肤病，因需要可适当调整配方，其效果会更佳。

9. 蜂胶蜂巢膏　选 100 克老蜂巢，洗净，切碎，加 500 毫升水放锅中熬开，放凉，滤除蜂蜡和杂质，将其汁以文火熬制成膏，兑入 20％ 蜂胶酊 10 毫升，搅拌均匀，每天早晚各 1 次，分 5 天服下，1 个月为一疗程。该蜂胶蜂巢膏适用于急、慢性支气管炎患

者，效果比较明显。

10. 蜂胶保鲜剂　蜂胶保鲜剂由山东省东营市蜜蜂研究所研制成功，是一种十分理想的天然生态保鲜剂，获国家专利。用该保鲜剂贮存水果、蔬菜等，不仅可以大大延长其贮存时间，还可有效地防止保鲜品遭细菌侵袭。该保鲜剂可以直接入口食用，既有保鲜效果，又有保健作用，使用方便，作用奇特，远远优于化学及其他类型的保鲜剂。

11. 蜂胶漱口水　蜂胶能杀灭口腔中的厌氧菌及各种病菌及病原虫，还有一股特殊的芳香气味。以蜂胶提取液为原料，配以乳化剂等制成漱口水，每日用之漱口，一可防治各种牙病及口腔疾患，二可清除口臭及口腔不良气味，可保持口腔清洁、卫生，是一种高效、实用且质高价廉的高级漱口水。

12. 蜂胶口香糖　将蜂胶提取液兑入口香糖原料中，制成别具特色的口香糖，每块重量 3～5 克，每天咀嚼 1～2 块，既可保持口腔卫生，又可保持悠长的芳香气味，含化内服后，可起到保健及多功能疗效。该糖既有口香糖的特点，又有蜂胶的作用，是一种多功能的高级口香糖。

13. 蜂胶牙膏　将蜂胶提取液调入牙膏原料中，制成蜂胶牙膏，每日用其刷牙，不仅口感气味好，有一种特殊的芳香气味，而且对牙周炎、龋齿、蛀牙、口腔溃疡等口腔疾患有较好疗效，可保持口腔清洁卫生，有效地防治各种口腔疾患和牙疾，其作用和效果是其他药物牙膏难以相比的。

14. 蜂胶口服液　将蜂胶提取液进行乳化后，添加一定量的蜂蜜、水等，制成蜂胶口服液，分装于安瓿瓶中，每天 2 支，分早、晚空腹服用。这种剂型成分稳定，作用奇特，便于贮存和服用，可适用于内科各症患者服用。

15. 蜂胶饮料　在饮料（如可乐）中加入蜂胶提取液，可大大提高饮料的保健功效，还有利延长饮料的保质期，因为蜂胶本身就是一种高效抗氧化剂。这种饮料多为小包装，以每罐 125～150 毫升为宜，每天饮用 1 罐，可保证蜂胶用量的足额供给。

16. 蜂胶花茶饮 以 250 毫升沸开水冲泡花茶 2 克，闷 15 分钟后，兑入 10％蜂胶酊 2 毫升，置温热待饮前，兑入洋槐蜜 30 克，慢慢饮用，早晚各 1 次，连用 3 天，咽喉肿痛等症状可明显好转，对流行性感冒、急、慢性支气管炎均有较好防治作用。

17. 蜂胶蜜柿叶饮 将 5 克干柿树叶洗净搓成细末，加 250 毫升沸水冲泡，闷 20 分钟，兑入 10％蜂胶液 1 毫升，饮前加入 40 克蜂蜜作茶饮，每天 2 剂。本剂有很好的安神助眠、降脂调压作用，适用于高血脂、高血压及神经衰弱患者饮用，经常饮用可收到理想的效果。

18. 蜂胶露 蜂胶露是北京首创集团采用高科技开发研制的水溶性蜂胶制品，是一种高档保健饮品，该产品投入市场后，得到消费者的普遍青睐，在全国引起了较好反响，市场占有率迅速提高，现正处于方兴未艾的发展阶段，成为营养保健品市场的后起之秀。

19. 蜂胶王浆冲剂 取 10％蜂胶酊 5～10 毫升，蜂王浆 3 克，蜂蜜 20 克，温开水（40℃左右）200 毫升。先将蜂蜜、蜂王浆和蜂胶酊按顺序混合，再加水搅拌均匀后饮用。每天 1 次，坚持服用，对体弱多病、疲劳综合征、病后恢复期及老年人效果较好。

20. 蜂胶醋乳液 取 2％蜂胶乙醇提取液 100 毫升，与 1 000 毫升蜂蜜醋或优质食用醋配伍，搅拌均匀，静止 24 小时，放棕色玻璃瓶中备用。食用时，取蜂胶醋液 10 毫升，兑于 200 毫升 10％蜜水溶液中，在临睡前饮用，可以有效预防和治疗高血压、高血脂等病症。

21. 蜂胶乳膏 用蜂胶乙醇浸提膏及乳化剂、甘油、硬脂酸、白凡士林、蒸馏水等为原料，制成蜂胶乳膏，用于治疗久治不愈的各种创伤、皮肤病及急慢性湿疹等，效果甚佳。该产品市场有售，许多医院的制剂室及医生，也采用蜂胶为原料制成乳膏用于临床实践，不仅作用明显，而且制作简便，使用方便。

22. 蜂胶药膜 以蜂胶浸提液为主料，配以聚乙烯醇、氟美松、维生素、盐酸四环素等辅料，制作成蜂胶药膜，可广泛用于各种疮及外科疾患的治疗。将药膜敷于患处，很快就形成一种膜，不

仅有杀菌、消炎、祛肿等作用，还可很快止痛止痒，具有见效快、效果奇的特点，远比其他药物高效、方便。

23. 蜂胶贴敷剂 以蜂胶浸提液为主料，配以蜂王浆蜜、鱼肝油、氟美松等辅料，调制均匀，装入暗色瓶中，用于治疗口腔溃疡、皮肤溃疡以及各种癣症和创伤、疮、冻伤、烫伤等疾患效果较好，其杀菌、消炎、止痛及高营养作用，用药3～5次可使创面发生明显好转。

24. 蜂胶膏药 蜂胶膏药是以蜂胶、蜂毒为主要原料制成的一种黑膏药，主要用于治疗颈腰椎间盘突出、骨质增生等骨疾及一些疑难杂疾。这种膏药可以自行制作，主要是将蜂胶浓缩膏与蜂毒混合一起，再加适量辅料，涂抹在药布上，根据病情适量选用，可收到理想效果，有很多从事蜂疗的医生采用此方，对颈腰椎间盘突出、骨质增生等骨疾进行治疗，多数一贴就见效果。

25. 蜂胶气雾剂 蜂胶提取液与氟氯烷、甘油等混合后，装入特制的喷雾器中，用于口腔科治疗，用时将之喷洒到口腔内及患处，可有效地杀灭口腔中的厌氧菌及各种致病菌，其镇痛、止痒、消炎及促进创面愈合作用，令医生和患者称奇。

26. 蜂胶牙药水 以蜂胶酊与山金车花酊、水杨酸脂液等配制成牙药水，用于牙齿及口腔科疾患治疗，令牙医及患者均十分满意，对牙周炎等牙病疗效甚佳。对那些神经性牙痛患者，向患处涂抹蜂胶液后，止痛效果既快又强；对炎症、肿痛牙疾患者，涂抹蜂胶后，可迅速消炎消肿，鉴于其麻醉效果，痛感在涂药后马上就可减轻。

27. 蜂胶烧伤膏 以蜂胶为主料配合其他一些药物成分制成的蜂胶烧伤消炎膏，经临床实践，总有效率可达100%。其对烧伤具有清热解毒、止血敛疮、生肌定痛、活血化瘀的功效，同时有抗菌、防腐、抗氧化的作用。

28. 蜂胶脚气灵 以蜂胶提取液为主料制成脚气灵，对突发性、顽固性脚气有很好的防治作用，充分发挥了蜂胶的抗菌消炎等作用，不仅能止痛止痒，还能杀灭引起脚气的真菌，防止脚气复发，广受患者青睐。

七、蜂胶的美容制品

蜂胶美容制品种类繁杂、名牌众多，在国际市场上是热门产品，在国内市场上也十分热销，深受广大消费者欢迎。

1. 蜂胶香皂 在香皂原料中添加 1％的蜂胶乙醇提取液（含蜂胶 2％），制成蜂胶香皂，可大大改变香皂的使用性能，显著提高香皂的经济价值和用途，不仅有光洁皮肤、营养皮肤的作用，还可灭杀皮肤表面的各种病菌，有效防治皮炎等各种皮肤病，并对阴囊痉挛等症有较好的疗效。

2. 蜂胶浴液 在浴液原料中添加进 1％的蜂胶乙醇提取液（含蜂胶 2％），用于日常洗浴效果非常理想。这种浴液不仅有清洁身体的作用，还可灭杀周身的杂菌，并能很好地消除体臭。经常使用这种浴液洗身，对多种皮肤病有治疗效果，还能营养保护滋润皮肤，使皮肤变得光洁干净、白嫩细腻。

3. 蜂胶雪花膏 取市购现成的雪花膏 50 克，兑入 2％蜂胶液 5 毫升，调匀，备用；如同平常雪花膏一样正常使用、保存，每天洗脸后涂抹少量，轻轻拍揉片刻，不仅具有雪花膏的用途和特色，还强化了蜂胶的作用和特点，不仅有很好的除杀面部细菌、祛斑、美容颜面的作用，且有助于消除面部皱纹，还有利于防止皮肤老化和干燥。

4. 蜂胶香波、洗发水 以去离子水、月桂醇硫酸酯等为基料，强化进 1％的蜂胶乙醇提取液（含蜂胶 5％），制成蜂胶香波、洗发水，可起到养发、护发、生发的作用，可有效防止断发和脱发，并有止痒和去除头皮屑的功能，还能改善头发的素质和梳理性，使之具有光泽和柔软感。

5. 蜂胶洗面奶、洁面霜 以蜂胶提取物为辅料，加入到普通洗面奶或洁面霜的配料中，使其更有助提高洁面、洗面效果，有利于清除污垢和残妆，祛除皮肤表层老化角质，抗菌消炎，对痘痘或

痘印都有一定的改善，令肌肤更加细致、柔滑。

6. 蜂胶护肤霜、精华素 以蜂胶提取液为添加剂，强化到护肤霜或精华素原料中，可显著改善其使用性能，大大提高其作用与经济价值。这种护肤霜、精华素既有养颜护肤效果，又有洁面杀菌作用，还有助于坏死表皮剥落，促进表皮更新，使皮肤变得柔嫩细腻，对面疮等面部创患有很好的消炎、止痒和促进痊愈等效果。

7. 蜂胶祛斑霜 蜂胶有极强的抑菌、杀毒、消炎等方面作用，以其为强化剂添加到化妆品中，可有效发挥其祛斑、退色、增白等功效，尤其对褐斑、雀斑等中青年人常见的面部疾症效果较佳，经常使用甚至对老年斑也有作用，可使面部斑点逐渐退去，面色变得白净光洁、细嫩。

8. 蜂胶防晒霜 蜂胶防晒霜与其他防晒霜的不同之处，主要是强化了蜂胶成分，不仅有防晒、养颜作用，还可除灭面部粉刺、痤疮，有很好的治疗作用，并有利皮肤保持生机与活力，防止皮肤干燥皱裂、粗糙，维持皮肤的细腻润泽，富有弹性。

9. 蜂胶美容露 蜂胶的有效成分有助于皮肤细胞增强活力，有助于养分的吸收和利用。因此，经常使用强化了蜂胶的美容露，可使皮肤变得富有生机和活力，并使面色光洁干净，展现出青春的润泽。

10. 蜂胶养肤膏 蜂胶养肤膏类似于蜂胶护肤霜、雪花膏之类产品，每天洗脸后涂少量添加了蜂胶的养肤膏于面部和手上，不仅有净面祛斑等功能，还可滋养皮肤，保护皮肤，同时散发出一种宜人的芳香气味，可使人有一种清新爽快的感觉。

11. 蜂胶养颜蜜 将2％蜂胶液5毫升与20克新鲜蜂王浆、30克蜂蜜，混合，调匀，装入小瓶备用；每天晚间洗脸后，取少量搓到面部和手背，轻轻搓揉片刻，保持半小时后或第二天清晨洗去，每天1次。此剂型取材方便，简单易制，效果非常，是一种极为理想的养颜佳品。主要得益于蜂胶的杀菌除斑作用和蜂王浆、蜂蜜的天然生理活性物质，适用于面部干燥者及日常美容养颜，可保持面部滋润和营养供应，清除、灭杀面部细菌，使面部清洁光泽，展现红润，皱纹消退或减少，面部痤疮、褐斑等得到除治，还有消除面部皱纹的效果。

12. 蜂胶柔肤水、紧肤水　蜂胶的水溶液加入到柔肤水或紧肤水中，对皮肤进行一次深入的清理，补水，令肌肤更加水润、透亮，并对痘痘肌肤有明显改善，配合其他蜂胶护肤系列效果会更明显。

13. 蜂胶眼霜、眼贴膜　蜂胶眼霜、眼贴膜不仅能养护眼部肌肤，还对熬夜、睡眠不足等引起的一系列眼部问题有一定的改善，长期使用可弱化眼部细纹，紧致眼周肌肤，令眼部光彩绽放魅力。

14. 蜂胶面膜、面贴膜　将蜂胶与其他原料复配，制成蜂胶面膜或面贴膜，涂抹或敷于面部，可深层渗透，供给肌肤充足营养，使肌肤迅速补水，回复白皙、充满弹力、焕发健康风采。

15. 蜂胶护手霜　蜂胶护手霜，添加了天然成分蜂胶，质地温和，更易吸收，并对肌肤有保护作用，防治皮肤干燥、皲裂，及时补充水分，软化角质，令芊芊玉手柔软温润。

16. 蜂胶粉底液、粉底霜　蜂胶粉底液、粉底霜所添加的蜂胶成分，使肌肤柔润丝滑，定妆持久，在有效遮盖脸部瑕疵、修正肤色的同时，还可隔离紫外线和电脑辐射，令肌肤展现出自然白皙、完美无瑕的迷人妆容和健康肌肤。

17. 蜂胶祛痘膏　含有天然蜂胶提取物的祛痘膏，可有效控制油脂分泌，防止细菌繁殖，保持肌肤清爽，对粉刺、暗疮等有良好的作用，能有效抑制粉刺生成，修复因暗疮引起的色素沉着，使肌肤恢复光滑、细致。

18. 蜂胶花露水　添加了蜂胶的花露水，作用显著提高，用途大大扩展，具有蜂胶特有的芳香气味，无论用于人体或是用于室内，立即会散发出一种宜人的气流，既可净化表面或空气，还能灭杀细菌等微生物，是一种极其理想的花露水。

19. 蜂胶祛臭液　蜂胶不仅有杀灭细菌、改善内循环等作用，还具有独特的芳香气味。用蜂胶制成祛臭液，用于除治腋下狐臭或口腔异味，效果极佳。另外，蜂胶漱口水、口喷等不仅对口腔疾病

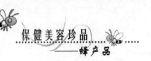

有一定预防和治疗效果，还可祛除口腔异味，作用尤其明显。

20. 蜂胶痱子水 痱子水中添加 1％的蜂胶乙醇液（含蜂胶 2％），可显著提高痱子水的作用与用途，不仅用于防治痱子，还能杀菌、止痒，同时还有防止蚊虫叮咬作用，对皮疹、小疖疮等也有较好的治疗效果。

21. 蜂胶喷射液 将 1％蜂胶提取液与去离子水、丙二醇、蓖麻醇酸酯等混合均匀，分装于特制的喷雾器中，装好喷嘴压进氟利昂喷剂，可用于日常空气净化、除臭、抑菌、驱虫等方面，效果甚佳。

22. 蜂胶发膏 采用二氯甲烷和无水甲醇等原料为基料，强化进 1％的蜂胶浸膏，制作成蜂胶发膏，理发洗发后喷于发上用于定型，可较长时间保持头发的形状，且有养发、护发作用，效果甚好。该发膏早在 20 世纪 80 年代就获得法国专利权，在国际市场十分热销。

23. 蜂胶斑秃搽剂 将 2％蜂胶酊 10 毫升，与 30 克蜂蜜混合，调匀，将洋葱切片，放以上合剂中浸渍数小时，备用；以蘸满以上混合液的洋葱片，涂揉头发脱落的头皮，每次坚持 20 分钟左右，每天 1 次，可促进头发生长，防治脱发及斑秃症。1 个月为一疗程，效果显著。

24. 蜂胶须后水 用山梨醇、去离子水、薄荷油等为基料，强化进 1％的蜂胶乙醇提取液（含蜂胶 10％），制成蜂胶须后水，用于刮须后皮肤的养护，可明显减轻刮须后的不适感，使皮肤活力旺盛、洁净健白，同时还有助须发变细、柔软，从而使再次刮剃时疼痛感减轻。

25. 蜂胶护发水、生发乳 将蜂胶提取液添加进适量去离子水、维生素等辅料，制成蜂胶护发水或生发乳，在洗发后涂少量于发上，轻轻揉搓均匀，自然晾干，既有利保持发型和养发护发，也有助头发光泽亮丽、富有弹性，还可有效防止断发脱发、帮助生发等，是一种比较理想的护发液。

26. 蜂胶生发灵 在脱发部位，以活蜜蜂零零星星轻轻蜇刺头皮，蜇刺数量以脱发面积及严重程度酌定，一般较轻者 3～5 针，严重者 6～8 针。蜇完后将 2％蜂胶酊涂抹到头皮上，3 天后再按此法操作一遍，一般操作 2～3 次即可显效。此法适用于脱发严重及斑秃症患者，尤其适应于细菌性脱发患者。

27. 蜂胶美发去屑液　取 2％蜂胶提取液 1 毫升，橄榄油 2～3 滴，混合调匀；洗头后将以上混合液滴洒到头发及头皮上，揉搓均匀，每 3～5 天一次。本品能激发毛囊活力，营养保护头发，防治断发、脱发，杀菌、除虫、止痒，去除头屑，使头发光泽、油亮、乌黑，并有柔性。

28. 蜂胶鸡眼贴　将新鲜原蜂胶（约 3 克）在热源处烤热使之软化，均匀分摊在洁净布或纸上，制成蜂胶贴。待用热水洗脚泡透后，把鸡眼外皮轻轻剥开，把软化了的蜂胶粘敷到鸡眼上面及周围，外用胶布固定，每天 1 剂，3 天可使脚鸡眼自行脱落下来。该蜂胶贴还可适用于突发性或流行性腮腺炎等症患者，将之贴在患处，见效甚快。

八、蜂胶在其他方面的应用

（一）农业上的应用

农业上很早就有人利用蜂胶作木本植物嫁接的接木蜡。利用蜂胶嫁接的果树及其他树木，成活率高、新枝芽萌发快。以蜂胶作为保鲜剂，可有效提高植物种子的库存时间，使马铃薯根块、稻谷等种籽保存较长时间后种植仍能萌发并生长旺盛。

近年来国内外学者的研究证明，蜂胶对植物致病细菌、真菌和病毒有较强的抑制作用，显示了应用蜂胶防治农业病害的美好前景。专家预测：蜂胶的大量生产和利用，有可能取代某些毒性强、副作用大、造成环境污染、不利于人体健康的化学合成农药。有试验证明，0.2％～2％的蜂胶乙醇提取液对稻瘟病菌等 10 种主要危害农业的真菌、细菌的生长均可全部抑制。应用蜂胶来防治稻瘟病、棉花枯萎病等农作物的常发病害，前景开辟。尤其蜂胶无毒，

对农作物无药物残留和副作用，这一天然的农业病原抑制剂将会被广泛应用于农作物病害防治。

（二）畜牧兽医上的应用

用15％或20％的蜂胶软膏治疗小鸭脐疮，2～3天脐带干涸脱落，治疗期间很少有死亡。养兔场用蜂胶软膏治疗家兔乳腺炎亦有很好效果。另用蜂胶治疗仔猪支气管肺炎，4～5天后病情明显好转，咳嗽停止，胃液显著增加，治愈率达97％。用蜂胶治愈的仔猪生长发育情况良好，体重增长平均值是食用相同饲料而未加喂蜂胶仔猪的1.7倍。原云南畜牧兽医学校龚薇用蜂胶治疗昆明犬肠炎，经1天治疗，病情明显好转，当天就开始进食，但采用青霉素和5％葡萄糖盐水者多数死亡。云南农业大学杨瑞瑜等做了蜂胶对家禽伤寒感染过程的影响试验，证明蜂胶治疗鸡伤寒病治愈率达97％。同时他们还做了0.25％～10％不同浓度的蜂胶酒精浸液对鸡伤寒沙门氏菌、猪霍乱沙门氏菌、猪丹毒杆菌、牛败血巴氏杆菌、马腺疫链球菌、大肠杆菌、绿脓杆菌等近20种最常见的致病菌的抑制效果试验，并用青霉素、链霉素做对照。实验结果表明，0.25％以上的蜂胶酒精溶液对以上病菌均有抑制作用；10％的蜂胶酒精溶液的抑菌作用并不比青霉素、链霉素差，对绿脓杆菌的抑制效果远比青霉素、链霉素好。

实践证明，用蜂胶治疗家畜腹泻、肠炎病，疗效高、时间快、省药费，无任何副作用，患畜治愈后食欲恢复快，生长发育良好。另据文献报道，蜂胶还可用于治疗牛犊中毒性消化不良、绵羊胃肠病和肺病、羔羊粪石症、鸭雏副伤寒病、仔猪佝偻病、家畜呼吸器官疾病等。

（三）其他应用

鉴于蜂胶有较强的防腐、抗菌功能，以其作为防腐剂、保鲜剂，效果甚为理想。有人将蜂胶用于禽蛋保鲜，贮存108天，蛋黄轮廓明显，未见变质，而对照组仅储存60天，蛋白呈水样，变黑发臭；用于柑橘，储存 130 天，烂果率仅为 7.3%，比对照组少 9.5%，水分消耗及皮色鲜艳度都比对照组好；用于蔬菜，枯黄现象出现比对照组延长 10 天以上，这是因为使用蜂胶防腐剂后，使表皮形成了一层保护膜，既抑制了细菌的侵入，又降低了新陈代谢，减少了水分蒸发，起到了保鲜作用。蜂胶还可作为无毒的食品添加剂用于酱油防霉。水产品加工使用蜂胶作防腐剂，可使鱼虾储存期延长 2～3 倍。

另外，蜂胶还是一种天然树脂漆，以其作涂料的制品光亮无比，防蚀耐用。

九、蜂胶的使用注意与安全性

蜂胶是不能直接入口的蜂产品，需要经过反复精细提取方可应用。蜂胶制品比较多，应用尤为广泛的当数蜂胶酊，即以食用乙醇为介质提取过的蜂胶乙醇液，这种产品市面出售比较多，也可自行制作，应用起来较为方便。不论哪一种蜂胶制品，都须根据服用目的及需要因人而异科学服用，不得任意乱用，以免影响服用效果或造成不必要的浪费。蜂胶具有一定的药理特性，服用蜂胶的安全性也须引以重视。

（一）蜂胶的使用注意

1. 服用对象　蜂胶是一种广谱性抗生物质，其奇特的作用和广泛的应用性，已使蜂胶进入了人们的日常生活，应用者甚众。在保健方面，主要应用对象是体弱多病者，用于提高免疫力、调节内分泌，以便强身健体、祛病除患；局部有炎症或患有创伤、冻伤、烫伤者，用于消炎、止痛、促进伤口愈合及组织再生；牙痛、创面疼痛、胃痛等患者，用于镇痛和治疗；遭受病菌、霉菌、病原虫感染者，以其灭菌杀虫解除各种病菌及病原虫的侵害；患有急慢性疾患者，用于医疗。

在临床治疗上，蜂胶主要用作高血脂症、高血压、心脏病、冠

心病、脑血栓、动脉硬化、糖尿病、各种癌症、白血病、红斑狼疮、胃及十二指肠溃疡、胃炎、胃痛、消化不良症、便秘、痢疾、各种肝炎、胆结石、前列腺炎、支气管炎、哮喘、肺炎、感冒、咽炎、喉及大肠息肉、肾炎、肾结核、尿路感染、乳腺炎、胰腺炎、淋巴结核、更年期综合征、老年性痴呆、水痘、中耳炎、耳道炎、口腔溃疡、口腔炎、牙痛、牙周炎、牙齿敏感症、鼻炎、鼻窦炎、扁桃体炎、结膜炎、角膜炎、角膜溃疡、湿疹、荨麻疹、带状疱疹、疣、各种皮炎、各种癣、毛囊炎、疖疮、脓疱疮、皮肤瘙痒、皮肤皲裂、鸡眼、痔疮、肛裂、脓肿、关节肿痛、创伤、冻伤、烫伤等各症患者的治疗，均可收到显著的疗效。

蜂胶并非人人都可服用，对个别人群有正、负两方面的作用。例如婴幼儿，服用蜂胶有促进生长发育的作用，但也有研究报告称，婴幼儿由于抵抗力较低，服用蜂胶有可能不同程度地影响其免疫功能，因此，对那些提取不精细或来路不明的蜂胶制品，婴幼儿最好慎用或不用。还有研究报告称，孕妇食用蜂胶后，某些生物活性物质会刺激子宫，容易引起宫缩，不利胎儿的生长发育。另外，极少数过敏性体质者，对蜂胶有不同程度的过敏反应，服用蜂胶时应慎重，可从极少量开始，慢慢增加至常用量。蜂胶过敏的反应因人而异，轻重也因人因量而不同，令人放心的是，蜂胶过敏反应没有后遗症，不良症状一般在停用蜂胶后很快消失。

2. 服用方法　服用蜂胶并不像服用其他蜂产品那么简便，必须经过提取过程将有害物质剔除后方可应用，千万不可服用原蜂胶。直接服用原蜂胶或自行用白酒浸泡服用，虽也一定程度地起到某些作用，却存在着潜在的负面影响，这是很危险的。当前，提取蜂胶和除铅技术虽已过关，然而能准确掌握这一技术的单位和个人并不多，有些厂家或个人道听途说简便行事，甚至用白酒泡一泡就服用，这是不科学的。

最好选用正规厂家生产且有国家卫生部健字批号的产品，每种制品的服用方法可参照说明书。如有条件的自行提取蜂胶服用时，最为简便的就是以乙醇提取，经冷冻、粉碎、提取、除渣等工艺，制成蜂胶酊，既可内服，也可外敷。出于疗效及口味等方面着想，可将蜂胶酊作为母料，再添加某种或数种辅料，制作成不同剂型的液、膏等，这样使用起来更为方便、经济。

不经特殊处理，蜂胶是不溶于水的，如果将之兑入水中服用时，往往浮于水面并集结成小颗粒，出现黄色悬浮物，甚至粘在杯子壁上。因此，如兑水服用，可将之兑入比较热的开水中，因蜂胶的有效成分比较耐热，服用时兑入 50～70℃热水中稍凉一会儿趁热服下，其有效成分损失比较少。也可把蜂胶兑入牛奶或蜂蜜、酒、豆浆、稀粥、咖啡、麦乳精中饮用。实践证明，蜂胶与蜂蜜、王浆、花粉等同时服用，会起到相辅相成的作用，保健及医疗效果会更佳。蜂胶是高分子物质，较少量的蜂胶兑入水或奶中，其色、香、味会产生较大变化，还会显现出较高的浓度，这是蜂胶的一大特点，在掌握好服用剂量的情况下大可放心服用，不必存有疑虑。

3. 服用量及时间 服用蜂胶应有一定的量，如何掌握蜂胶每次的服用量，应以产品或提取液的蜂胶含量为基准。正常情况下，以含量 25％的蜂胶酊计算，保健用每次 4～5 滴即可，每天 2 次，全天用 8～10 滴就可达到保健的目的。如用于治病（尤其一些顽固性病），用量可适当增加，每天以 15～20 滴为宜，病情严重的可酌量增加，最多可用 30 滴（约 1.5～2 毫升）。经过精心提取的蜂胶液虽无毒副作用，可用量过大也无必要。用量过大对某些人会产生刺激作用，个别的会导致腹泻。半岁以下的婴幼儿其适应力较差，可慎用或不要用蜂胶，10 岁以下的儿童使用蜂胶时，其用量以成人的一半即可。个别人对蜂胶有过敏反应，过敏体质患者服用蜂胶一定慎重，第一次仅用 1～2 滴，如无不良反应时，再逐渐加量，以防发生不测。不同剂型的蜂胶制品，其含量是有差异的，可参照以上含量及用量进行换算，根据其含量高低酌减或酌增用量。

蜂胶的服用时间和次数应如何决定，须视个人情况的不同而有所改变，不能一概而论。通常用于身体保健，一般来说早上起床后和晚上就寝前各空腹服用一次比较好。有的人在中午时又加服一次，这对于治疗疾病来说是必要的。糖尿病患者可在饭前半小时服

用为佳。蜂胶作为一种保健品及某些疾病、创伤的治疗剂，需要一定的服用时间及剂量方可奏效。以保健为目的，可以长时间坚持服用，因其性平无毒，不会对人体产生毒副作用，可以放心食用。用于疾病治疗的，也应在适量加大用量的情况下，坚持长期服用。当然，在治疗一段时间病情明显好转或痊愈后，中间也可停歇一段时间，之后再继续服用。不同疾病的治疗疗程也不同，据报道，糖尿病人较大剂量治疗半个月即可见效，有39%患者的血糖开始降低或逐渐恢复，坚持服用3个月后，94.7%的患者血糖恢复正常。服用蜂胶治病不是一劳永逸的事，一般保健以1个月为一疗程，中间停用半个月左右可再行下一疗程，以便巩固效果、增强体质、产生抗体，使疾病得到彻底治疗。

4. 蜂胶乙醇提取液外用法

（1）直接涂抹法　选10%蜂胶乙醇提取液，直接涂抹于患处，每天2次。有消炎、止痛、化淤、消肿、促进伤口愈合之功，适用于创伤、烧伤、烫伤、疮伤、痔疮、挫伤、扭伤、牛皮癣、皮肤溃疡、各种皮炎、毒虫叮咬、坏疽、中耳炎及各种炎症患者。外涂的同时配合内服，效果会更佳。

（2）蘸药贴敷法　将纱布（或药棉）浸泡在10%蜂胶乙醇提取液中1小时后取出，折叠成数层，敷于患处，每天换药1次。适用于各种消肿化淤等症。

（3）棉棒布药法　用无菌棉棒蘸10%以上蜂胶乙醇提取液，轻轻布药于痛处，每3～5小时布药一次。消炎、止痛、消肿，适用于牙痛、口腔溃疡、疱疹等症。

（4）电离子导入法（注意安全）　把药棉或纱布缠绕电极上，蘸上20%蜂胶酊，置患处皮肤及临近处，每次治疗15分钟，每天1次，10次为一疗程，2～3个疗程可显效。适合中耳炎、关节炎等内患诸症。

（二）蜂胶的安全性

1. 蜂胶的含铅问题　很多消费者特别注重蜂胶制品的含铅问

题，实际上蜂胶中的铅是其本身含有的微量元素成分之一，这种铅并不可怕，令人疑虑的是蜂胶原料在生产、贮藏过程中的污染。我国《蜂胶》标准将铅列为有毒有害物质限量指标，是严格控制的重要质量指标之一，这主要是出于蜂胶原料在生产、贮藏过程中易遭污染的缘故。

蜂胶中的铅主要与其生产方法、生产器具、生产环境和包装材料等因素有关。在生产过程中，采用专门的取胶器或尼龙纱副盖严格按操作规程生产的蜂胶，所含的铅为蜂胶中的自然成分，不会对人造成危害。采用这样的原料以食用乙醇提取并经较长时间沉淀抽取上清液制成的蜂胶酊剂，完全符合食物质量标准卫生及安全要求，再加入适量基质制作成膏剂、片剂、气雾剂等，可以放心服用。

外观青褐色或黑绿色、表面杂质含量高且乳香味较淡的蜂胶，有可能是用铁纱盖生产的，加之生产过程中用铁质启刮刀刮取，或者包装贮存中接触金属等，其含铅量必定会很高，是优质蜂胶的数倍，对这样的蜂胶和来历不明的蜂胶，在加工过程中必须经过严格的除铅、除其他有害物质的工艺处理，所制作出的产品必须经过严格的质量检测，使铅指标控制在标准以内，方可批量生产上市。

2. 蜂胶的毒性及安全剂量　正常的天然蜂胶几乎没有毒副作用，或者说其毒性极低，按正确剂量服用是不会造成毒副作用的，但超量服用有可能会带来某些毒副效应。据卡里莫娃试验，分别给单只家兔饲喂一个成年人剂量的蜂胶，连续大剂量服用 30 天，未发现任何毒性或不良反应。Arvouet-Grand 等报道，蜂胶提取物对小鼠口服的 LD_{50} 大于 7 340 毫克/千克；Hrytsenko 试验的结果是 LD_{50} 为 2 050 毫克/千克，LD_{100} 为 2 750 毫克/千克。日本国家食品分析中心经研究证实，蜂胶经口服的 LD_{50} 是 3 600 毫克/千克，这相当于巴西产蜂胶浸膏固形物 2 000 毫克/千克和蜂胶原料 3 600 毫克/千克、中国产蜂胶浸提膏固形物 2 000 毫克/千克和蜂胶原料 2 600 毫克/千克。

蜂胶作为保健用的摄入量，一般日服 1 000 毫克浸膏为宜，医

疗治病用每日可达1 800毫克，完全可以达到保健或医疗效果。因此，成人以蜂胶膏作为保健品服用以0.020克/（千克·天）、治病用以0.036克/（千克·天）是安全的，不会造成毒性负面影响。

3. 蜂胶的过敏问题　少数人对蜂胶有过敏反应，有研究报告称，蜂胶致敏率约十万分之一。蜂胶中可使人致敏的物质主要有：3-甲基-2-丁烯咖啡酸（54％）、3-甲基-3-丁烯咖啡酸（28％）、2-甲基-2-丁烯咖啡酸（4％）、咖啡酸苯乙酯（8％）、咖啡酸（1％）、苄基咖啡酸盐（1％）及1，1-咖啡二甲烯丙酯。过敏症状多见于：如接触蜂胶时，面、颈部出现皮肤充血和湿疹样皮疹、发热、瘙痒等；而吸入蜂胶粉末、气雾剂等，出现鼻痒、打喷嚏，鼻黏膜充血水肿、灼热、头痛，有的全身低热等。对蜂毒过敏的人，对蜂胶也常表现出过敏症状。对蜂胶过敏的人，服用蜂胶时一定慎重，可先做接触试验，再做少剂量试验，如无明显反应再逐渐加量，如反应明显可停止使用。

第四章　蜂花粉

蜂花粉是蜜蜂采集的高等植物用以繁衍后代的生殖细胞——植物精子，添加进一些花蜜和自身分泌物制成的小颗粒。早在两千多年前，我们的祖先就开始应用花粉，被标榜为药中上品，应用者多为达官显贵。进入 20 世纪 70 年代，在国外兴起一股花粉热，也激发了我国对蜂花粉的进一步开发与应用。近 30 年来，蜂花粉产量每年以翻番的速度递增，除去大量用于出口创汇外，国内消费量迅猛增加，对其研究与加工也处于蓬勃发展势头。蜂花粉所具有的独特的天然保健作用与医疗及美容价值，被越来越多的人所认识，现已成为世人公认的"天然食品之冠"和"作用最为全面的食疗、养颜佳品"及"微型营养库"。

一、蜂花粉的成分与特性

（一）蜂花粉的成分

蜂花粉之所以具有如此神奇的功效，是因为其成分相当全面、复杂。各种蜂花粉因植物来源不同，所含成分种类及含量也不同。不同季节生产的蜂花粉其成分及含量也有差异，但差异不大。一般蜂花粉所含营养成分大致是：蛋白质 20%～25%，碳水化合物 40%～50%，脂肪 5%～10%，矿物质 2%～3%，木质素 10%～15%，未知物质 10%～15%。

1. 蛋白质和氨基酸　人体的细胞及组织主要由蛋白质组成，约占人体干重的 45%。促进生长发育，维持组织器官的正常功能和细胞的新陈代谢，主要是蛋白质的作用。氨基酸是蛋白质的分解

产物，也就是蛋白质的基本构成单位。人体与自然界中存在的蛋白质大约由 20 多种氨基酸组成，其中亮氨酸等 8 种是人体自身不能合成的，必须从食物中摄取，故为必需氨基酸，人体缺乏任何一种，都会带来不良后果。

蜂花粉中几乎含有人类迄今为止发现的所有氨基酸，人体必需且常见的氨基酸，即：精氨酸、赖氨酸、组氨酸、苯丙氨酸、亮氨酸、异亮氨酸、酪氨酸、蛋氨酸、缬氨酸、丙氨酸、甘氨酸、脯氨酸、谷氨酸、苏氨酸、天冬氨酸、色氨酸、半胱氨酸，此外，还有异白氨酸、白氨酸、离氨酸、甲硫氨酸、羟丁氨酸、组织氨酸、阿金氨酸、羟基脯氨酸以及牛黄酸等，在蜂花粉中均不同量的存在。油菜、芝麻、党参花粉中必需氨基酸总量为（10.49±5.07）毫克/克，且部分以游离形式存在，能直接被人体所吸收。一个活动量较强的成年人，每天食用 20～25 克蜂花粉即可满足全天的氨基酸消耗量。蜂花粉中氨基酸不仅含量高，比富含氨基酸的牛肉、鸡蛋、干酪高出 5～7 倍，而且种类多，很少有其他食物能与其相比。

2. 维生素 蜂花粉是天然的多种维生素浓缩物，含量高、种类全。主要品种有维生素 A、维生素 C、维生素 E、维生素 D、维生素 K、维生素 F、维生素 B_1、维生素 B_2、维生素 B_5、维生素 B_3、维生素 B_6、维生素 H（生物素）、维生素 B_c（叶酸）、胆碱、肌醇、维生素 B_{12}、维生素 B_{15}、维生素 B_{17} 共 18 种。浙江省医学院胡欣等人对我国 11 个地区 14 个品种 23 个样品蜂花粉（100 克）的抗坏血酸含量进行了分析，结果抗坏血酸含量在 18.52～92.80 毫克，平均值为 57.41 毫克。维生素是维持人体正常生理功能所必需的微量有机物，当维生素缺乏或不足时，即可引起代谢紊乱，造成各种疾病。各种维生素对人体起着不同的作用，如维生素 A，其主要功能是促进眼球内视紫质合成或再生，维持正常的视力，防治夜盲症和眼干燥症。同时对维持呼吸道、消化道、泌尿道、性腺和其他腺体上皮细胞的健康产生着重要作用。B 族维生素是一个大家族，其中的每一个成员都有各自的使命，如人体缺乏维生素 B_1 就会出现健忘、易怒、肢体麻木、肌肉萎缩、心力衰竭、下肢水肿等症状；人体缺乏维生素 B₅ 即会引起癞皮病、舌疮、皮炎、食欲不振、消化不良、眩晕等病症，甚至会出现痴呆。维生素 C 亦称抗坏血酸，能促进胶原蛋白形成，维持结缔组织的完整，防治坏血病等。

　　蜂花粉中含有的胆碱和肌醇是 B 族维生素的重要成分。胆碱是组织中乙酰胆碱、卵磷脂和神经磷脂的组成成分，也是代谢的中间产物，有防治肝硬化、动脉硬化、冠心病及帮助胆固醇转运和利用等作用。肌醇是动物和微生物的生长因子，被广泛应用于防治脂肪肝、肝硬化、高脂蛋白血症等疑难病症。蜂花粉中胆碱和肌醇的含量比较高，据报道，每 100 克玉米蜂花粉中含有胆碱 690.73 毫克，含有肌醇 3.0 毫克。有的蜂花粉中每 100 克含肌醇高达 900 毫克，其含量之高在自然界所罕见。

　　3. 常量元素和微量元素　蜂花粉含有丰富的钙，含量在 1 960～6 360 微克/克，平均含量为 4 235 微克/克。蜂花粉中磷、氯、钾的含量基本相当，平均含量 6 151 微克/克，钠含量较低，平均值为 253.3 微克/克。这种高钾、低钠的特点，对高血压、糖尿病、冠心病、肾脏病有极好的预防和治疗作用。镁含量为 36.04～1 984 微克/克，硫、硅等常量元素和铁含量为 446 微克/克，碘、铜含量为 12.54 微克/克，锶、锌含量为 36.04 微克/克，还有锰、钴、钼、铬、镍、锡、硼、钒、铝、钡、镓、钛、锆、铍、铅、砷、铀等多种微量元素。分析发现，枣树花粉中铁含量高达 1 534 微克/克，是均值的 3.4 倍，锰含量为 44.26 微克/克，是均值的 2 倍，铬、镍、钴也分别是均值的 4 倍左右。这些元素对维护和保持人体的生命活动发挥着重要作用。人体本身可以合成某些维生素，却无法合成常量和微量元素。所以说人体所需要的常量、微量元素必须从食物中摄取。微量元素缺乏或不足直接给生命带来严重后果。例如，人体中缺铁，血液就会丧失运载氧气的功能，人就无法生存下去。同样，人体缺锌就不能发育成长；人体缺锰会致动脉粥样硬化；人体缺铜可使血液胆固醇升高，引起动脉弹性降

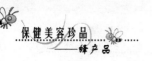

低。之所以食用蜂花粉可以保健美容，与之含有大量常量和微量元素是密切相关的。

4. 碳水化合物 碳水化合物，也称糖类。蜂花粉中所含碳水化合物，主要是葡萄糖、果糖、蔗糖、淀粉、糊精、半纤维素、纤维素等。这些都是人体的主要能源，是心脏、大脑等器官活动不可缺少的营养物质，所以神经组织和细胞核中都少不了碳水化合物。来源不同的蜂花粉中碳水化合物的含量也有差别，正常情况下，干蜂花粉中所含碳水化合物平均值为葡萄糖占 9.9%，果糖占 19.0%，总糖为 31%，半纤维素为 7.2%，纤维素为 0.52%，其他成分所占比例不尽相同，不同植物品种对其含量有着直接影响。

5. 脂类 脂类，是脂肪和类脂的总称。脂肪即甘油酯，作为能源储存在皮下，当机体过分需要时方被动用，故称为能源库。类脂，主要包括磷脂、糖脂、固醇及固醇脂等，是人体所有细胞膜的重要组成成分，对大脑的发育及整个神经系统的发育具有极为重要的作用。蜂花粉中类脂含量比较高，平均含量为 9.2%。其中皂化类脂含量 0.7%～10.2%，非皂化类脂含 0.8%～11.9%。蜂花粉还含有烃类 0.06%～0.58%，类固醇 0.36%～3.40%，3-β-羟固醇 0.12%～1.11%，极性化合物 0.15%～0.48%。蜂花粉中所含脂类中不饱和脂肪酸占 60%～91%，远比其他动植物油脂中的含量高。不饱和脂肪酸也称为必需脂肪酸，有增强毛细血管通透性及促使动物精子形成等特殊作用，是人体不可缺少的营养物质。

6. 酶类 蜂花粉中含有氧化还原酶、转移酶、分解酶、裂能酶、异构酶和连接酶等六类，共有 104 种之多。

（1）氧化还原酶类 在花粉中发现有 30 种还原酶，主要有醇脱氢酶、氨基酸氧化酶、肌醇脱氢酶、单胺氧化酶、硫辛酰胺脱氢酶、乳酸脱氢酶、细胞色素氧化酶、苹果酸脱氢酶、抗坏血酸氧化酶、磷酸葡萄糖脱氢酶、脂肪酸过氧化酶、丙二酸半醛酶、过氧化氢酶等，这些酶类可以帮助一些营养物质转化成更为高级的营养成分，使之更大更好地发挥作用。

（2）**转移酶类** 在花粉中发现有22种转移酶，如天冬酸氨甲酰基转移酶、葡萄糖基转移酶、麦芽糖转葡萄糖基酶、半乳糖基转移酶、丙氨酸氨基转移酶、甘氨酸氨基转移酶、磷酸葡萄糖变位酶、DNA核苷酸基转移酶等，花粉中许多转移酶还可把葡萄糖聚合成纤维素和果胶质。

（3）**水解酶类** 在花粉中共发现有33种，主要为羧酸酯酶、芳香基酶、酯酶、角质酶、果胶甲酯酶、碱性磷酸酶、酸性磷酸酶、海藻糖磷酸酶、磷酸二酯酶、脱氧核糖核酸酶、α-淀粉酶、β-淀粉酶、纤维素酶、赖氨酸氨肽酶、氨肽酶、胃蛋白酶、胰蛋白酶等，不同品种的蜂花粉，酶的含量有较大差别，普遍含量较高的主要有酸性磷酸酶等。

（4）**裂解酶类** 在花粉中发现有11种裂解酶，主要是丙酮酸脱羧酶、草酰乙酸脱羧酶、丙酮二酸脱羧酶、谷氨酸脱羧酶等，还发现花粉中含有8种参与把甘氨酸代谢为磷酸肌苷的酶（IMP）。

（5）**异构酶类** 在花粉中发现有5种异构酶，即尿苷二磷酸葡萄糖异构酶、阿拉伯糖异构酶、木糖异构酶、磷酸核糖异构酶、磷酸葡萄糖异构酶。这类酶的种类虽少，却是花粉中最活跃的酶，它们在碳水化合物和碳水化合物的衍生物代谢中起催化剂作用。

（6）**连接酶类** 是花粉中发现最少的一类酶，主要有羧化酶、叶酸连接酶、D-葡萄糖-6-磷酸-环化依醛酶（DNA＋）。其主要作用是催化两个分子结合，进而转化成高效强活力物质。

7. 激素 蜂花粉中的激素主要有雌激素、促性腺激素等。从蜂花粉中提取的促性腺激素，经过进一步提纯可得到促卵泡激素（FSH）和黄体生成素（LH）。每100克枣椰蜂花粉中可提取粗制促性腺激素3克，从中可提取促卵泡激素1 000国际单位、黄体生成素30～40国际单位。浙江医科大学用高效液相色谱进行分析，发现蜂花粉中有雌二醇存在，每克蜂花粉含1.82毫克，并证实此物能诱发动物的培养细胞雌激素受体活性。因此，用蜂花粉治疗男女不孕症可收到理想效果。

8. 核酸 核酸，对蛋白的合成、细胞分裂和复制以及生物遗

传起着重要作用。每 100 克蜂花粉中约含核酸 2 120 毫克,是富含核酸食物如鸡肝、虾米的 5～10 倍。核酸的存在,大大提高了蜂花粉的医疗保健价值,可用于免疫功能低下和肿瘤病人的治疗,并有促进细胞再生和延缓衰老的功能。

9. 生长素 蜂花粉中含有丰富的人生长素和植物生长素。人生长素是 191 个氨基酸残基组成的一条多肽链,生长素促进生长作用主要是对骨、软骨及结缔组织的影响,对代谢作用是增加肌肉对氨基酸的摄取,促进蛋白质、RNA 和 DNA 的合成,并可以促进脂肪转化,增加血中游离脂肪酸量。人生长素含量较高的为蚕豆花粉,每克花粉中含量为 8.35 微克。此外,田菁、香薷、紫云英等花粉的含量也比较高。蜂花粉中含有 6 种重要的植物生长调节激素,主要是生长素、赤霉素、细胞分裂素、油菜内酯、乙烯和生长抑制剂。这些物质对植物的生长、发育发挥着极为重要的作用,直接影响着植物的发芽、生长、开花和结果。故此,将蜂花粉用于促进儿童健康成长和植物的生长与生产,有着积极的作用和显著的效果。

10. 黄酮类 蜂花粉中含有丰富的黄酮类化合物,不同品种的蜂花粉其黄酮类物质含量差别较大,高者含量达 9%,低者则只有 0.12%。其中黄酮类含量比较高的蜂花粉有板栗、茶花、蚕豆、紫云英、云芥、胡桃等。黄酮类物质的存在,进一步增强了蜂花粉的应用价值,从而起到抗动脉硬化、降低胆固醇、解疼和抗辐射等作用。

蜂花粉的营养成分相当全面、复杂,世界上所发现的营养物质几乎从中全能分析得出来,至今尚有 10%～15% 的未知物质,尚待人们去进一步研究、开发。

(二)蜂花粉的特性

由于植物种类或采集季节的不同,各种蜂花粉的颜色也不同,不同品种的粉源植物,产生出五颜六色的花粉。如鲜红色:紫穗槐、七叶树;橘红色:紫云英、向日葵、金樱子、水稻、野菊、茶树；金黄色：油菜、芸芥、柳树、棉花；深黄色：乌桕、盐肤木、蒲公英；浅黄色：大豆、高粱、板栗、草木樨、黄瓜、桉树、白车轴草、党参、苹果；米黄色：玉米、枇杷、艾、蒿、松；粉白色：芝麻、女贞、益母草；白色：苕子、野桂花；淡绿色：李树、椴树；灰色：蓝桉、泡桐；灰绿色：荆条、荞麦；紫色：蚕豆；黑色：虞美人。

蜂花粉是蜜蜂从被子植物雄蕊花药或裸子植物小孢子叶上小孢子囊内采集的花粉粒，经过蜜蜂黏合制作成一个个花粉团，其团粒大小基本一致，一般直径为 2.5～3.5 毫米，每个干重 10～17 毫克，含水量在 8% 以下。比较好的蜂花粉团粒齐整，品种纯正，颜色一致，无杂质，无异味，无霉变，无虫迹，比较坚硬。

花粉外壁是层坚硬的壳，具有抗酸、耐碱、抗微生物分解的特性，不经破壁的蜂花粉，只能从其萌发孔中缓慢释放内容物。新鲜蜂花粉具有特殊的辛香气味，但味道也各有不同。有的味稍甜，有的略苦涩。

二、蜂花粉的质量检验与贮存

蜂花粉质量的高低，直接影响到其作用的大小，无论生产或是加工及消费者，均应掌握蜂花粉的检验方法和贮存方法，以防造成不必要的损失。

(一) 蜂花粉的质量标准

蜂花粉国家标准是由国家技术监督局 1989 年 11 月 16 日发布，于 1990 年 7 月 1 日正式实施的，该标准对蜂花粉的等级指标提出了要求，具体情况见表 4-1。

目前，国家尚未正式制定蜂花粉卫生标准，只是在《标准》中作为附录提出蜂花粉卫生标准，可作为参考指标。

细菌总数（个/克）≤20 万；

大肠菌群（个/100 克）≤500；

致病菌：不得检出；

农药残留量：不得超过国家有关标准规定的允许量。

表4-1　蜂花粉等级与质量要求

项目	指标＼等级	优等品	一等品	合格品
感官指标	颜色	各种花粉固有的色泽，均匀一致	各种花粉固有的色泽，基本均匀一致	杂色
	状态	不规则的扁圆形，并带有工蜂后肢嵌入花粉团粒的痕迹，无霉变		
	气味	有明显的单一花种清香气	有单一花种清香气	有花粉的清香气
	滋味	香甜带辛，无异味		香甜，有涩的回味，无异味
理化指标	杂质（％）≤	0.5	1	1.5
	单一花粉团率（％）≥	95	85	不要求
	水分（％）≤	5	6	8
	碎团率（％）≤	1	2	3
	蛋白质（％）≥	15		
	维生素C（毫克/100克）≥	4		
	过氧化氢酶≥	500单位		
	灰分（％）≤	4		

注：碎团粒指标系指基层收购时的限量。

另外，由中华人民共和国供销合作社于1999年7月19日批准，于1999年11月1日实施的蜂花粉行业标准，对蜂花粉的技术指标也提出了要求，包括感官要求和理化要求，具体如表4-2。

表 4-2 蜂花粉的技术要求

项 目		一等品	二等品
感官要求		不规则的扁圆形，无虫蛀，无霉变。具有蜂花粉特有的色泽、气味、滋味。单一品种蜂花粉还应具有该品种蜂花粉特有的形态、色泽、气味和滋味	
杂质（%）	≤	0.5	1
水分（%）	≤	8	10
碎蜂花粉率（%）	≤	2	3
蛋白质（%）	≥	15	
维生素 C（毫克/100 克）	≥	4	
灰分（%）	≤	4	

单一品种蜂花粉在理化要求方面还有特殊要求，如表 4-3。

表 4-3 单一品种蜂花粉的特殊要求

项目		一等品	二等品
单一品种蜂花粉率（%）	≥	85	

（二）蜂花粉的质量检验

检验蜂花粉质量的方法比较多，主要分作理化检测、感官检验和简易检测。理化检测的方法比较复杂，并且需要精密仪器，不是一般收购单位和个人购买时所能为。日常收购及购买蜂花粉，主要凭感官鉴别或简易检验，方法简单、迅速，可初步鉴别出蜂花粉质量的高低。

1. 感官检验

（1）目观 比较好的蜂花粉，颗粒整齐、颜色一致，无杂质、无异味、无霉变、无虫迹、干燥好，品种纯正。正常情况下，比较纯的蜂花粉具有某一品种特有的颜色，具有光泽感，混入的其他花粉粒应在 7% 以下，最高不得超过 15%；蜂花粉团的大小应基本相同，没有细末和虫蛀，具有某种蜂花粉相对固定的形态。通常蜂花

粉团呈不规则的扁圆形团粒状，并带有采集工蜂后足嵌入的痕迹。

（2）鼻闻　新鲜蜂花粉有明显的单一花种清香气，霉变的蜂花粉或受污染的蜂花粉无香气味，甚至有难闻的气味或异味。伪造的蜂花粉无浓郁的香气。

（3）口尝　取蜂花粉少许放入口中，细细品味。新鲜蜂花粉的味道辛香，多带苦味，余味涩，略带甜味。蜂花粉的味道受粉源植物花种的影响差别较大，有的蜂花粉较苦，有的蜂花粉很甜，个别的蜂花粉还有麻、辣、酸感。伪造的蜂花粉无辛香味道，团粒也不规则。

（4）手捻　新鲜蜂花粉含水量较高，手捻易碎、细腻，无泥沙颗粒感。若手捻时有粗糙或硬砂粒感觉，说明蜂花粉中泥沙等杂质含量较大。干燥好的蜂花粉团，用手捻捏不软、有坚硬感。如用手一捻即碎的蜂花粉，说明没有干燥处理好，含水量较高，也有可能因受潮发霉而引起的变质。

2. 简易检验　通过感官鉴别如果发现蜂花粉有异常，可以作下列简易检验，以进一步确定蜂花粉的质量。

（1）含水量检验　将手洗净吹干，反复轻轻地揉搓蜂花粉团，若发出唰唰的响声，并有坚硬撞手的感觉，说明蜂花粉已干燥好，含水量在6％以下，符合国家质量标准要求。

（2）杂质检验　取蜂花粉10克左右，放入大试管中，加蒸馏水30毫升，搅拌至花粉团全部溶解为止，静置30分钟后，目测试管底部的杂质沉淀量。蜂花粉中杂质（包括蜜蜂残肢、其他昆虫和泥沙等）不得超过1.5％。

此外，还可以用手抄法来检验杂质。即将手洗净吹干后，插入盛装蜂花粉的袋内，弯曲手指缓慢从袋内抽出，看手指上蜂花粉中有无砂粒、细土。

（三）蜂花粉的包装与贮存

1. 蜂花粉的包装　已经过干燥灭菌的蜂花粉，在贮存前应根据其品种、纯度、含水量等进行分级定等，剔除混入蜂残尸等杂质之后进行称重分装。分装蜂花粉最好用较厚的食用塑料袋，不能有通洞，口要严密，每袋装量不可过多，以 1～5 千克为宜，较大包装不可超过 25 千克。

2. 蜂花粉的贮存 蜂花粉贮存主要有以下几种方法：

（1）冷藏贮存 将装袋密封的蜂花粉放入冷库贮存，贮存温度在－5～－1℃，即可起到理想的效果。低温贮存其效果会更好，新鲜蜂花粉在－20～－18℃的冷库、冰箱或低温冰柜中，可保存几年的时间不会变质，与刚采收的新鲜蜂花粉效果基本相同。

（2）常温贮存 如实在没有条件而只能常温下贮存时，一定将蜂花粉干燥好。在贮存前每 50 千克蜂花粉喷洒 95％乙醇 1 千克，立即用较厚的塑料袋装入已消毒的有色玻璃瓶内，瓶口用蜂蜡封严，避光可保存 6～12 个月。还可将蜂花粉装在布口袋内，用 1～3 层塑料袋装好，可保存 2～6 个月。

（3）除氧剂贮存 除氧剂是一种新型食品保鲜剂，它可以把已贮存蜂花粉的贮存器件或包装袋中的氧气除掉，使微生物不能生存和活动，从而达到保鲜的目的。在化工商店均能买到除氧剂，使用方法可参照说明，价格低廉，使用方便，可适用于养蜂场及无冷藏设备的加工厂。

（4）充气贮存 在密闭的容器里（如桶、缸等）装入蜂花粉，不要装满。放入 1 只较大的茶杯，倒进 1/4 的浓度为 20％的稀硫酸，再放几块石灰石，就会产生大量的二氧化碳气体催赶容器内空气。当产生气体时将容器口封闭，留有一小排气孔，放进 1 根点燃的蜡烛，待空气被排空，蜡烛熄灭时，从一角小口迅速取出茶杯和蜡烛，放入少量硅胶或其他干燥剂，快速封闭容器口（注意严密），可保持所存蜂花粉较长时间不变质。有条件的单位或生产加工厂家，可在专用的花粉贮存缸内充入二氧化碳或氮气气体贮存蜂花粉，只要盛装蜂花粉的容器封闭严密、不透气，便可收到长期贮存的效果。

（5）加糖贮存 就是将蜂花粉和白糖按 2∶1 混合，装入容器（铁桶或瓷缸）内捣实，然后表面再撒一层约 10～15 厘米厚的白糖覆盖，加盖（或用双层塑料布）密封容器口，不致其与空气接触，

在常温下可保存1～2年不会变质。这种贮存方法可适应养蜂户贮备花粉喂蜂之用。

三、蜂花粉的保健功效

蜂花粉是天然的保健佳品和营养食品，多年来已有大量的研究报告和实践经验，对其作用和应用进行了深入的探讨。现就其医疗保健方面的作用，简述如下。

（一）蜂花粉的延缓衰老作用

我国古代的达官贵人，多有将花粉作为养生极品进行享用，国外一些学者也把蜂花粉称作"微型营养库"或"青春和健康的源泉"，被视为延缓衰老、保持健康的佳品。蜂花粉的抗衰老功效，主要是作用于中枢神经系统，促使下丘脑和各种垂体增强活动能力，延长活动时间。老年人服用蜂花粉，可刺激下丘脑的神经元，有利于已疲劳或功能衰退的神经组织得到恢复，从而减缓了衰老进度。从免疫学上讲，随着年龄的增长，免疫系统也就随之发生衰退，导致功能下降，机体衰老，疾病缠身。而蜂花粉可使胸腺增大，T淋巴细胞、巨噬细胞增加，使机体免疫功能增强，从而也就延缓了机体衰老的过程。蜂花粉中发挥如此作用的主要成分是微量元素中的硒，硒能提高血液和组织中谷胱甘肽氧化酶的活性，催化氧化脂分解，减少了氧脂质的形成和积累，这是延缓机体衰老的重要条件。正因蜂花粉的这一特点，充分显示出其强身健体、延年益寿之功。

（二）蜂花粉的健脑强身作用

国内外专家通过大量研究证实，蜂花粉有改善精神状态和提高精力、体力的作用。蜂花粉对脑的作用，主要是为脑细胞的发育提供了丰富的特有营养物质，增强了中枢神经系统的功能和平衡调节，使大脑和机体保持旺盛的活力。蜂花粉中的维生素和氨基酸，有助于神经衰弱和神经抑郁及精神失常患者尽快恢复。服用蜂花粉后，患者会重新焕发出对生活的信心和兴趣，对神经官能症、精神抑郁综合征等病症，有良好的辅助治疗作用，对脑力劳动者有着特殊的意义。服用蜂花粉，能增强体力和耐力，全身代谢能力提高，身体素质明显增强。

（三）蜂花粉提高免疫力的作用

人体内有一个系统的免疫组织，由免疫器官和免疫细胞组成，发挥着防御抗体免遭细菌、病毒、肿瘤细胞等侵害的作用。食用蜂花粉，能刺激胸腺分泌量增大，提高 T 淋巴细胞和巨噬细胞数量和功能，也就大大提高机体的免疫能力，从而预防各种疾病特别是肿瘤的发生。蜂花粉还能提高人体血清免疫球蛋白 IgG 水平，起到促进巨噬细胞的吞噬作用，增强了抵御细菌、病毒的能力，还具有中和毒素的功能，大大提高了人体抗御疾病的能力，使身体处于健康及积极运作状态，既提高工作效益，也避免了一些疾病的危害，减轻了肉体及心灵的痛苦。

（四）蜂花粉对造血功能的作用

蜂花粉对治疗贫血有特效，早在 20 世纪 60 年代国外就有大量的这方面报道，主要被用作治疗缺铁、缺维生素性贫血和障碍性贫血，成年患者每日服用蜂花粉 15～20 克，儿童患者每日服用 10 克左右，2 个月后检查，红细胞可增加 25％～30％，血红蛋白增加 15％以上。患者食欲增加，睡眠改善，大便通畅，身体轻爽，体重增加，头痛、乏力现象消失，面色红润。坚持服用 2 个疗程，可使血红蛋白恢复正常，贫血症状消失。

研究报告证明，蜂花粉有利促使受创的骨髓尽快恢复功能，能加快造血组织的修复和血细胞的新生，对保证造血功能正常运转发挥着积极的作用。王维义通过放射有意对小鼠的造血系统造成同等程度的损坏，之后部分服以蜂花粉，另一部分服以常规饲料作为对照。10 天后进行观察并称重，发现服用蜂花粉组发育正常，多数健康且精神良好，平均每只体重增加 1.4～4.3 克；而对照组则部

分死亡，剩存部分也精神萎靡，食欲不佳，体重平均下降 1.1～3.0 克，显示出蜂花粉对造血功能的奇特作用。

（五）蜂花粉对心血管的作用

蜂花粉富含维生素 P（芸香苷）和黄酮类化合物等，对增强毛细血管强度，防治毛细血管通透性障碍、脑出血、视网膜出血、高血压、静脉曲张等均有良好的效果。蜂花粉中含有的卵磷脂对血管有特殊的保护和修复作用，可有效防治动脉硬化症；花粉中所含的类脂质，在降血脂的同时，还对由动脉硬化引起的病变组织有修复作用。医生对动脉粥样硬化患者给予蜂花粉治疗，每次 15 克，每日 3 次，连服 1 个月后进行检查，发现患者血清总胆固醇、游离脂肪酸、甘油三酯、β-脂蛋白和白蛋白等均有明显下降，头痛、心绞痛、记忆力下降等症状普遍好转。由于蜂花粉的良好作用，人们用其来防治高血压、动脉硬化、冠心病、高血脂症、心肌梗塞、脑中风等疾病，收到良好的预防和辅助治疗效果。

（六）蜂花粉对消化系统的作用

食用蜂花粉不但能增加食欲，而且能促进消化系统对食物的消化吸收，还起到增强消化系统功能的作用。食用蜂花粉，可以使胃口不佳、消化不良及吸收功能较差的消瘦病人强壮起来。服用蜂花粉，可使患有便秘的中老年人症状减轻，大便顺通，还可减轻肠内致病微生物引起的肠炎腹泻等病症，对急、慢性胃炎和胃溃疡疾患也有一定的功效。蜂花粉能够杀灭或抑制病原微生物繁殖，是胃肠道很好的功能性调整剂。蜂花粉对胃肠功能紊乱有特殊疗效，可治愈顽固性便秘等疑难慢性病。经常服用蜂花粉，可有利改善和提高胃肠道功能，使之处于积极的良好运作状态。

（七）蜂花粉对泌尿及内分泌系统的作用

蜂花粉是前列腺疾病的克星，对慢性前列腺炎、前列腺增生、前列腺功能紊乱等疾病有显著的治疗效果。国内外利用蜂花粉研制生产的前列康片、前列腺维他、西尔尼通片等药物，都是治疗前列腺类疾病的理想药物。蜂花粉对男性阳痿、性功能障碍以及精子缺乏、不育症等均有较好的疗效，对妇女月经不调、痛经、绝经、妊娠期恶心呕吐、更年期综合征及不孕症等也有明显辅助疗效。此外，对长期服用蜂花粉的糖尿病患者疗效显著。蜂花粉可调节糖尿病患者的新陈代谢能力，改善患者体内循环，提高人体的糖耐量。花粉中含有维生素 B_6，可控制因食鱼、肉等所摄取的多余色氨酸，防止色氨酸转化为黄尿酸，避免黄尿酸对胰岛 β 细胞的破坏而使糖尿病病情加重。据报道，应用蜂花粉治疗非胰岛素依赖型糖尿病患者 30 例，有 29 例疗效显著，无效 1 例。对胰岛素依赖型糖尿病，采取胰岛素与蜂花粉并用，也有协同降糖效果。

（八）蜂花粉对抑制肿瘤的作用

蜂花粉具有抑制肿瘤的作用，大量临床与实践早已做出证明。为了进一步证明这一点，杭州大学王维义教授对此做了对比试验：选用一批健康的小鼠，全部接种上 S_{180} 艾氏腹水癌肿瘤细胞，其中 10 只饲喂常规饲料作对照。20 天后处死全部小鼠，对其进行解剖，发现喂蜂花粉组小鼠肿瘤重量平均为 5.44 克，而对照组则重达 26 克，肿瘤块之大为试验组的 5 倍；喂花粉组小鼠每毫升腹水里有 3.53×10^8 个肿瘤细胞，对照组则为 13.39×10^8 个肿瘤细胞，差异非常明显，证明花粉对肿瘤有较强的抑制作用，为预防和治疗肿瘤开辟了一条新途径。

（九）蜂花粉对肝脏的作用

肝脏是人体的重要器官之一，发挥着排解毒素及合成某些营养素的关键作用。蜂花粉对肝脏功能有修复和护肝作用，对肝损伤有明显的抑制作用，可以明显地减轻肝细胞的损伤，减少肝脂变；可避免脂肪在肝脏中积累，防止肝脏演变为脂肪肝；对抗肝坏死，抑制中央静脉下胶原纤维的形成，阻止肝纤维化。医学工作者在蜂花粉对肝脏细胞的保护作用方面进行了大量研究和实践，大部分收到

很好的效果。他们每日给肝炎患者服用 30 克蜂花粉，连续服用 1 个月后进行检查，肝功能各项指标明显改善，血中白蛋白/球蛋白（A/G）比值，从 0.85 增至 1.26。国外在这方面的研究也比较多，德国医生用花粉蜜治疗高龄慢性肝炎患者，绝大部分均有显效，服用 73 天后 A/G 比值平均从 0.91±0.01 增加至 1.29±0.01，说明患者的肝功能得到明显好转。在临床上，蜂花粉广泛应用于乙肝、黄疸性肝炎、慢性肝炎、脂肪肝等肝脏病的治疗，收效较佳。

（十）蜂花粉对呼吸系统的作用

蜂花粉用于呼吸系统同样可以收到尤为理想的作用，主要是用之预防和治疗感冒、流行性感冒、慢性支气管炎、老年性支气管炎和肺气肿等症。王维义教授用油菜花粉治疗 20 例慢性支气管炎患者，每日 3 次，饭前口服，每次 3 克，2 周为一疗程，服用 2～4 疗程检查发现，12 例完全治愈，6 例好转，2 例无效，总有效率达 90%。

四、蜂花粉的美容功效

古今中外的学者普遍认为，蜂花粉是可以内服的美容剂，这一点在我国古代已有许多实例所证实。长期实践与研究证明，服用蜂花粉不仅可以强身健体，其美容颜面效果也非常突出。内服或外用天然蜂花粉，可促进皮肤的新陈代谢，改善营养状况，增强皮肤的活力和对外界不良环境的抵抗力，使肌肤柔软、细腻、洁白、鲜润，并可清除各种褐斑，减少皱纹，使干燥或老化的皮肤富有弹性。

蜂花粉对美容具有如此大的作用，主要是因为蜂花粉的成分相当复杂全面，尤其含有大量的生物活性物质，不仅有利于人体的消化吸收，也可被皮肤较好地吸收利用。蜂花粉中含有丰富的蛋白质、多种氨基酸、胡萝卜素（在体内转变为维生素 A）、维生素 E、维生素 C、微量元素硒、磷脂、核酸等护肤成分，此外服用花粉还可使体内超氧化物歧化酶（SOD）含量增加。

皮肤皱纹和老年斑等是影响美容的主要原因。老年斑、皱纹的产生是体内产生过多的活性氧自由基作用的结果。自由基作用于脂质发生过氧化反应，氧化产物丙醛与蛋白质等生命大分子的交联聚合形成脂素，由于它不溶于水，不易排除而在细胞内大量堆积。脂褐色在皮肤细胞的堆积即形成老年斑。自由基促进胶原蛋白的交联聚合，会使胶原蛋白的溶解性下降，弹性降低及水合能力减弱，导致皮肤失去张力；自由基还能直接或间接作用于多糖基质（主要是透明质酸）引起解聚而导致皮肤保水能力下降；自由基还能引起弹性纤维的降解使皮肤失去弹性和柔软性。胶原蛋白、透明质酸和弹性纤维是真皮的三种主要成分，它们的变化是皮肤出现皱纹的结构基础。维生素 E、维生素 C、β-胡萝卜素、微量元素硒、SOD 等能清除机体代谢过程中所产生的过量的自由基。因此，蜂花粉可延缓皮肤衰老和脂褐素沉淀的出现。

黄褐斑是由内分泌失调而引起的皮肤色素沉着。不少疾病可出现这种斑，一般以妊娠期妇女为多见。它的产生说明人体内激素水平在变化，而蜂花粉可以通过作用于神经系统的平衡来调节内分泌的失调。花粉中的活性酶，对于内分泌系统能起到双向调节作用，使皮肤老皮细胞更新加快，显得年轻、富有活力。同时，还可抑制酪氨酶的活性，减淡已有色素的沉着和预防新色斑产生。蜂花粉中还含有丰富的防止皮肤粗糙的胱氨酸和色氨酸，这两种氨基酸能有效地补充皮肤生长所需的多种胶原蛋白质，使皮肤丰满细腻、富有弹性，并能舒展和清除皱纹，从而使人容颜娇美、红润光泽，达到青春永驻的效果。

皮肤保持湿润是皮肤滋润的前提。蜂花粉所富含的氨基酸是皮肤角质层中天然润湿因子的成分，能使老化和硬化的皮肤恢复水合性，防止角质层水分损失，保持皮肤的滋润和健康。维生素 A 能维持上皮细胞分泌黏液的生理功能，使皮肤保持湿润性与柔软性。

皮肤细胞的健康状态，主要依赖皮肤细胞内在的新陈代谢以及平衡转化和抵御外界伤害与及时修复的能力。核酸能促进皮肤细胞的再生，促使老细胞的交替，从而使皮肤充满活力。皮肤细胞膜是

细胞的表面屏障，起保护层的作用，也是细胞内外环境进行物质交换的通道。生物膜最易受自由基的攻击而损伤。当生物膜的完整性受到破坏时，细胞将出现功能上的紊乱，从而对皮肤产生不利影响。蜂花粉含有一定量的磷脂，磷脂可重新修复被自由基损伤的皮肤细胞膜，使膜的生理功能得以正常发挥，从而增强皮肤对外因的抵抗能力和排除代谢废物的能力。此外，磷脂具有乳化性，可降低血液的黏度，促进血液循环。维生素E有扩张毛细血管的作用，也可改善血液和供氧循环，延长红细胞生存时间并增强造血功能。蜂花粉的有效成分，增强了皮肤细胞抵抗能力、排除代谢废物能力和血液循环能力，有利于黑色素的排泄，防止在细胞内堆积沉着形成褐斑，也有利皮肤健康红润、充满活力和富有弹性。

当今女性以"瘦"为美，许多女性不惜代价地减肥、瘦身。而蜂花粉作为一种保健食品，在强身健体、美容养颜的同时，可以毫不勉强地减肥，保持良好的气色，且无任何副作用。它对人体的各种生理机能具有双向调节作用，可除去多余的脂肪，从而达到减肥健美的目的。

蜂花粉是当今世界公认的天然美容佳品。这是因为其各种营养成分综合作用的结果。深入开发生产蜂花粉护肤美容系列的产品，对提高人们的生活质量、美化生活环境具有深远的意义。蜂花粉内服可起到保健与美容双重效果，外敷的美容效果也很好，这就为开发蜂花粉美容产品奠定了广阔的前景。

五、蜂花粉的临床应用

多部古今医学名著均评价蜂花粉：气味甘平无毒，主治心腹寒热，利小便，消淤血，久服轻身益气，延年益寿。近代医学研究证明，蜂花粉有很好的医疗功效，在临床上应用比较广泛。

（一）治疗前列腺疾病

蜂花粉在治疗前列腺疾病方面的疗效已经得到肯定。1972年，瑞典药物管理局批准花粉有效成分作为治疗前列腺疾病的药物上市，美国食品药物管理局于 1978 年也批准花粉作为药品上市。我国生产的以蜂花粉为主要原料的"前列康"也于 1985 年被批准上市，且疗效显著，被医学界称为前列腺炎的"克星"。有医学报告称，用蜂花粉治疗慢性前列腺炎，有效率可达 80%。广州军区军医学校陈恕仁等人，用蜂花粉治疗前列腺炎和男性不育 423 例，经过治疗，114 例患者完全治愈，占 26.95%，显效 230 例、占 54.37%，好转 45 例、占 10.64%，无变化 34 例、占 8.04%，总有效率达 91.96%。

（二）治疗肿瘤

蜂花粉有良好的抗癌作用。国内外学者对花粉的抗癌作用进行研究表明，其抗癌作用主要源自其复杂的有效成分，能从多方面对机体起着调节平衡的作用，使机体对癌细胞产生抵抗力。其作用原理主要是：花粉具有增强免疫功能，且含有丰富的维生素、微量元素、多种酶、黄酮类、多糖等，这些成分协调作用，便减轻了患癌的概率。维也纳大学妇科医生对 25 名患宫颈癌的妇女进行放疗时加服花粉，结果表明，花粉能显著提高患者的免疫能力。2006 年医药部门公布了一种使用花粉提取物来治疗全身性感染、局部肿瘤或晚期肿瘤的药物制剂，这种制剂对人舌鳞状癌等多种癌细胞具有显著抑制和灭杀作用。杭州大学王维义教授等对蜂花粉抑瘤的作用进行了研究，证明蜂花粉对艾氏腹水瘤细胞的生长有明显抑制作用。

（三）治疗慢性肝炎

蜂花粉是恢复肝功能的高级营养剂。据医学报告报道，医生用蜂花粉治疗 50 例慢性肝炎患者，每天服 2 茶匙蜂花粉，1 周后化验肝功能，发现 47 例病人的病情明显好转。对 110 例慢性肝炎患者服用蜂花粉治疗，每天服 30 克，治疗 30 天后，除 7 例无明显变化外，其余患者不仅临床症状明显改善外，血清学检查也有明显好

转。德国医生用花粉蜜治疗高龄慢性肝炎患者，绝大部分均有显效，服用 73 天后 A/G（血中白蛋白与球蛋白的比值）平均增加 0.38，说明患者的肝功能明显好转。实验证明：蜂花粉对正常动物以及带瘤所致免疫低下动物均有明显的免疫作用，特别是服用蜂花粉动物的肝脏巨噬细胞吞噬功能明显增强，排毒作用也大大提高。

（四）治疗便秘

蜂花粉具有促进胃肠道蠕动、润肠通便的作用，可用于各种类型便秘患者，尤其适用于老年习惯性便秘。刘炬等人用蜂花粉治疗便秘 500 例，有效 433 例、占 86.6％，无效 103 例、占 13.4％，蜂花粉治疗便秘不仅效果显著，并且无任何副作用。

（五）治疗糖尿病

医生用蜂花粉治疗糖尿病，将病人分作试验组和对照组，在采用常规治疗方案的同时，试验组加服蜂花粉口服液，每天 2 次，每次含净花粉 4 克，10 天为一疗程，连服 2～3 个疗程。结果表明，试验组血糖降低 36.68，对照组仅下降 22.35，试验组治疗前后血清胆固醇下降 45，而对照组反而提高 0.25。试验组在服用期甘油三酯平均下降 47.66，而对照组变化极小。

（六）治疗高血压、高血脂及动脉粥样硬化

据报道，动脉粥样硬化病人服用蜂花粉可收到理想效果。锦州铁路医院神经科用混合花粉治疗动脉硬化症患者 44 例，连服 2 个月，获得良好疗效。李忠谱医生用花粉丸治疗脑血栓患者 11 例，经过 1～3 个疗程（1 月为 1 疗程），其中 5 例基本痊愈；另外 6 例用其他药物治疗无效后改服复方花粉丸治疗 1～3 个疗程，亦收到奇效，全部病人恢复生活自理。分别给 255 名伴有毛细血管强度低下的高血压患者服用蜂花粉后，88％的患者毛细血管强度恢复到了正常值；给 60 例高脂血症和 40 例动脉粥样硬化患者服用蜂花粉，每次 1 食匙，每天 3 次，连续服 1 个月，结果发现患者血清总胆固

醇、游离脂肪酸、甘油三酯皆明显下降，头痛、心绞痛、记忆力差及动脉硬化症状普遍好转。

（七）防治贫血

蜂花粉对贫血有很好的疗效。服食蜂花粉能防治引发贫血的多种疾病，有利于造血功能的改善和提高；为机体合成血红蛋白提供了充足的造血物质，对全身内分泌代谢等方面起着重要作用；服用花粉能减轻环磷酰胺对骨髓造血机能的损伤，加快造血机能恢复，有助升高白细胞数量与活力。蜜蜂采集加工形成的蜂花粉，具有中药自身的基本药性，富含人体能利用的各种生物活性酶，为营养不良性贫血症患者提供了全能营养素。

（八）防治精神疾病

花粉对神经系统有很好的调整作用，因此可用于因神经系统失衡而引起的各种病症，如神经官能症、精神抑郁综合征等。花粉防治精神病症的机理主要有以下三方面：调节神经系统功能；恢复脑功能；起到神经镇静剂的作用。某医院专科门诊部观察花粉对 34 例神经衰弱患者的疗效，并以其他药物进行治疗的 21 例患者对照观察，结果花粉组的疗效明显高于对照组，总有效率花粉组为 91.2％，对照组为 71.4％。江苏省 5 所医院曾试用"花粉胶囊"治疗神经衰弱症 80 例，证明疗效优于"维磷补汁"对照组。经花粉治疗后，首先改善了消化系统，神经系统功能好转，血红蛋白和体重增加，表明花粉能增强体质，调节和平衡神经系统功能，从而有效地治疗神经衰弱等症。

（九）治疗胃及十二指肠溃疡

中西医都认为，胃及十二指肠溃疡患者应尽量摄取含有丰富的高营养物质，加强身体的自愈力，促进溃疡的恢复。花粉中恰恰含有全面的营养物质，丰富的氨基酸，不需要经过消化和分解，可直接被人体吸收，不会增加胃肠负担，营养成分还可转送到溃疡的部

位去促进组织的再生。另外，花粉中还含有多种酶，能加速蛋白质的组合和组织再生，促进溃疡的痊愈。

（十）促进性机能

有多项报告证明，当人长期服用蜂花粉后，性功能加强。连云港第二人民医院吴宜澄等人，用蜂花粉治疗男性精液不正常造成不育的患者156例，让患者每天服用15克蜂花粉，30天为一个疗程，连服2～3个疗程，治愈率达74.4%，总有效率89.8%，精液活力提高，多数恢复正常指标。

（十一）治疗冻伤

安徽中医学院舍林等人用蜂花粉制剂治疗72例冻伤，每天外涂冻伤部位2～3次，结果总有效率达97.22%。制剂的做法：花粉破壁后，用乙醇提取浓缩，过滤得花粉营养液，将十八醇、十二烷基硫酸钠等乳化剂与水乳化，充分搅拌，在80℃以下加入花粉营养液，再次均质即成花粉冻伤膏。

不同种类的蜂花粉其医疗保健作用也不一致。法国蜂花粉学家卡亚，从实践中总结出迷迭香蜂花粉能大大促进食欲；洋槐、椴树、驴石草、橙树蜂花粉有较强的镇静作用；荞麦、野玫瑰、山楂花粉能提高毛细血管的强度；矢车菊、樱桃、蒲公英花粉利尿效果较好；苹果花粉对心肌梗塞有奇效；百里香花粉对促进智力发育有显效；橙树、柠檬花粉能镇静安眠；油菜、欧石南等多种花粉对前列腺炎有根除治疗作用等。蜂花粉用于医疗保健时，如能有针对性地对症选择相应品种，其服用效果会更佳。

六、蜂花粉的保健制品

我国是历史上应用花粉比较早的国家，早在唐朝宫廷中就有花粉糕、花粉饼等制品，这些制品的制作工艺在当时已比较先进，例如采用了发酵或捣细等工艺，这些工艺至今仍被沿用，并在原有基础上有了很大的发展，品种大大增多，消费群也普及到广大老百姓，成为社会各个阶层普遍欢迎的天然保健品。尤其近几年来，随着人民生活水平的提高，人们对蜂花粉及其制品的需求越来越大，众多蜂花粉制品也就应运而生，成为市场上的紧俏品。

1. 花粉蜜 将蜂花粉与蜂蜜混合后，经胶体磨细均质，制成糊状花粉蜜，完好地保持了花粉与蜂蜜的天然成分，以瓶装进入市场，深受消费者青睐。

2. 蜂宝素 以蜂花粉、蜂蜜、蜂王浆和蜂胶液四种蜂产品，合制成糊状蜂宝素，其营养成分更加全面，保健作用更加奇特，应用范围更加宽广。

3. 花粉胶囊 将经过发酵破壁处理的蜂花粉，装入食用胶囊中，既有利于掌握用量，又便于外出时携带和服用，是一种比较理想的蜂花粉制剂。

4. 花粉晶 将蜂花粉用超细风选粉碎机粉碎成细末后添加进奶粉、蜂蜜等填充料，制成晶状物，分装成小包或装入瓶内，用时以温开水冲服，方便食用，便于存放。

5. 花粉冲剂 将蜂花粉经过超细粉碎达到速溶程度后，配以奶粉、白糖粉等，混合后再超细粉碎一遍，过120目筛，分装成小包，每次冲服一小包（约20克，含纯花粉10克），每天2次，坚持服用，可达到理想的目的。

6. 花粉片 选用经发酵或超细粉碎制成的花粉细粉，配以白瓜子（制成细粉）和白糖粉，调和进适量蜂蜜作黏合剂，压制成片状，烘干后食用。这种制品尤其适用于前列腺炎患者，保健及医疗效果显著。

7. 强化花粉 蜂花粉含有大量的维生素，但在干燥及贮存或加工过程中稍有不甚，就会造成维生素失活，同时服用纯花粉其口味令有些人难以接受。故此，在蜂花粉末中兑入适量的维生素C和白糖粉及其他一些强化剂或中药提取物，制成强化蜂花粉，可使花粉口感更佳，作用更强。

8. 花粉糕 将蜂花粉磨细成粉后，兑入糯米面蒸制成花粉糕，定量分期作食品食用，可收到保健、美容的双重效果。

9. 花粉口服液 通过温差等方法使蜂花粉破壁并反复提取三次，再添加一些蜂蜜或其他营养物，制成花粉口服液，装入安瓿瓶或其他包装中，按剂量定时服用，效果甚佳。

10. 花粉膏 经过水提、醇提等工艺将花粉营养成分提取出来，再经回收乙醇、浓缩等工艺，使提取物成为膏状，一可分装后直接上市，二可作为原料或强化剂用来制作成其他产品。

11. 花粉可乐 提取花粉营养成分制成花粉液，再加入蜂蜜、柠檬酸等，精制成含有二氧化碳气体的营养型可乐等高级饮料，深受消费者欢迎。

12. 花粉汽酒 分别以乙醇和温差等方法，反复提取蜂花粉营养物，制成含醇的营养液，再充入二氧化碳气体，制成花粉汽酒，用于生活中，备受消费者青睐。

13. 花粉补酒 以纯粮食酒提取花粉中的营养物，将蜂花粉的营养成分均匀地释放到白酒中，制成高营养、口感正的花粉补酒供应市场，使嗜好饮酒者既享受着酒的滋味，又享受到花粉的营养。

14. 花粉酥糖 将花粉研细后，按一定比例强化到制糖原料中，制成既酥又甜的糖块，经常含服可起到健身美容的效果。

15. 花粉巧克力 将花粉添加到巧克力原料中，制成蜂花粉风味的巧克力制品，口感独特，作用甚佳，大大强化了该巧克力的作用与用途。

16. 花粉饼干 将蜂花粉粉碎后调入饼干原料中，制成高档饼干，大大提高了饼干的档次，风味独特，营养全面，是饼干中佳品。

17. 花粉面条 将蜂花粉粉碎后拌入面粉中，制作成高级面条，营养丰富，作用奇特，销势旺盛。

18. 花粉冰糕、冰淇淋 在冰饮原料中添加进适量蜂花粉细粉，制作成高档冰糕或冰淇淋等冷饮，每日定量食用，可大大提高冷饮的质量和档次。

七、蜂花粉的美容制品

服用蜂花粉可美容颜面、乌发，这一点早在 2 000 多年前已被证实，多种古籍中都有这方面的记载。当今社会人们的生活水平显著提高，大多数人尤为注重美容，其中很多人就选择服用蜂花粉，也有许多人外敷一些蜂花粉美容化妆品，更有部分爱美人士采取内外兼用，其效果会更佳。市售的蜂花粉美容化妆品品种比较多，民间传统的蜂花粉美容方法也比较多，这里就主要品种和方法作简要介绍。

（一）蜂花粉的美容制品

1. 花粉雪花膏　在雪花膏原料中添加进 3％的破壁花粉，可大大提高雪花膏的作用，经常使用可使皮肤小皱纹消退，老年斑消退，粉刺、雀斑消退，表皮黑色痣消退或减轻。

2. 花粉美容膏　将蜂花粉提取物添加到美容霜原料中，所占比例为 5％，制成高质量美容霜，经常使用可使面部颜色润白光泽，展现自然红韵。

3. 花粉美容水　以蜂花粉提取液为主料制成的蜂花粉美容水，液体透明稀薄，经常涂搽可弥补皮肤角质层的养分与水分，从而改变皮肤的生理机能，使皮肤柔嫩细腻，并有祛斑、消痣之功能。

4. 花粉香粉　以破壁蜂花粉与滑石粉等为原料制成的香粉，具有一般香粉所不可比拟的特点，不仅有美容颜面作用，还有消退小皱纹、褐斑、老年斑、粉刺、痣等效果，是市场上公认的高级香粉。

5. 花粉健肤霜　以破壁花粉或花粉提取物浓缩膏作原料，以聚乙烯醇、蜂蜜等作为辅料制成健肤霜，每日抹搽，可起到营养皮肤和健美皮肤的作用，可使皮肤润白细腻，富有弹性。

6. 花粉美容液　将蜂花粉提取液浓缩到一定程度制成美容液，向面部涂搽，有利皮肤的养分吸收，可使之健美柔嫩，保持自然美

的形象。

7. 花粉化妆乳　将蜂花粉以水反复提取，再对其水溶液作浓缩处理，制成高质量化妆乳，洗脸后经常涂搽，可起到保养皮肤延缓衰老的作用，使之柔润、富有活力，并有祛除色斑、消退小皱纹等功能。

8. 花粉生发水　以花粉提取液为主料，配以乙醇、异丙醇等辅料制成生发水，可帮助断发、脱发、斑秃患者解除忧愁，能防止断发，促使长出新发，并使头发变黑油亮。

9. 花粉发乳　以花粉为原料制成的发乳，可很好地起到生发、护发的作用。该产品在西方国家早已盛行，每周使用2次，可使头皮油润洁亮，富有柔性，可防治断发和脱发，并可有效地固定发型，使头发显得整洁。

10. 双胶花粉　以阿胶、鱼皮胶、蜂花粉为主要原料，配以蜂蜜、低聚糖（双歧因子）、葡萄糖酸亚铁营养强化剂及辅料，制成颗粒剂或片剂。该产品将阿胶、鱼皮胶、花粉等丰富的营养成分以及铁、双歧因子营养强化因子有机地融合在一起，充分发挥阿胶、鱼皮胶、花粉的营养保健作用，口感甜美，食用方便。长期食用双胶花粉能达到补血、养颜、美容的效果。

（二）蜂花粉的日常美容方法

1. 口服蜂花粉　购买优质蜂花粉放入冰箱中，每天早、晚空腹各服一次，取一羹匙（约15～20克）细嚼慢咽，用温开水或牛奶冲下，连续服用3周即可见效。直接口服蜂花粉，不仅有健身强体作用，更有美容颜面效果，长期服用不仅皮肤细腻，而且展露红润，光泽柔嫩。

2. 花粉蜜　将25克蜂花粉与50克蜂蜜混合一起，每天早、晚分2次服下，温开水送服，连续服用可显效。选用没经任何加工处理的原蜂花粉、蜂蜜，完好保存了蜂花粉、蜂蜜的天然成分，既可健身强体，又能美容颜面，还可通便养肝。

3. 花粉润肤蜜　选用破壁蜂花粉，与2倍白色蜂蜜混合，调制成浆状，备用；温水洗脸后，均匀涂抹到脸面薄薄一层，保持30分钟，洗去，每隔1～2天一次，长期坚持。有很好的养肤润肤效果，可使皮肤柔嫩、细腻、健美。

4. 花粉蛋清 取鸡蛋清一个于碗中，调入新鲜蜂花粉与蛋清调匀，傍晚温水洗脸后，均匀涂抹一层，轻轻按摩片刻，保持30～45分钟，洗去，每天一次。本方法可润肤养肤，增白祛斑，还有助防治和减少脸部皱纹的效果。

5. 花粉黄瓜汁膏 榨取黄瓜汁10毫升，与10克新鲜蜂花粉混合，调制成膏，备用；睡前洗脸后，将之涂抹于脸面，第二天清晨洗去，每3～4天一次，长期坚持。此法养颜除皱、美容效果明显，还有较好的增白润肤作用。

6. 花粉面膜 选破壁或超细粉碎的蜂花粉细末30克，与30克蜂蜜、一个蛋黄、20毫升苹果汁混合，调制成膏，备用；洗脸后，向面部均匀涂抹一层，待自然干后保持20～30分钟，以温水洗去，每天一次。此法适用于干燥性皮肤者，可起到滋润、营养、增白、祛斑的效果。

7. 花粉美容膏 选破壁蜂花粉15克，加适量水与5克氧化锌、20克淀粉混合，调制成黏稠的糊状，备用；洗脸后将之均匀地搽一层于面部，每天一次。该美容膏可增强表皮细胞的活力，去除老化细胞和皮屑，有助于消除皱纹和色斑等。

8. 花粉润肤霜 选破壁或经超细风选粉碎的70克蜂花粉，与20克洋槐或其他白色蜂蜜及10毫升白酒混合，调制成润肤霜，每天将润肤霜取一点放入手心，向脸部涂抹，要求均匀薄薄一层，每天一次。经常使用该润肤霜，可使皮肤细嫩，皱纹减少，表面光洁润亮，其效果强于市售一般润肤霜。

9. 蜂花粉石榴膏 将70克蜂花粉与2个石榴一同浸泡在100毫升醋中80～100小时，取出捣烂成膏状，以滤网滤除渣后备用；每天洗脸后取少许于手心，搓揉到面部，长期使用。该法有很好的养颜除皱祛斑作用，可使皮肤细嫩、富有弹性。

10. 蜂花粉人参膏 先将20克人参捣碎，与60克蜂花粉一同

放入 100 毫升白酒中浸泡 4～5 天，进一步研磨后沉淀一天，滤除渣，以其滤液与蜂蜜混合，调匀，每天早晚搽面部。该法不仅可以营养滋润皮肤，还可使皮肤细腻润白，皱纹减少，富有光泽。

11. 蜂花粉醋膏　将 30 克新鲜蜂花粉浸泡在 15 毫升白醋中 12 小时，捣细，过滤成膏状，备用；洗脸后取少许于手心中，轻轻揉搓到面部，每天一次。该法可养肤除色斑，有很好的营养皮肤和增白作用，对褐斑、粉刺等有除治效果。

12. 蜂花粉醇膏　将 50 克蜂花粉磨细成粉末，放入 60 毫升无菌水中泡提 24 小时，滤除上清液，其渣用 40 毫升乙醇浸提 24 小时，滤除沉渣后，将二液合并，在减压浓缩装置浓缩到 50 毫升，备用；洗脸后，取少许于手心，搽抹到脸部，均匀一层，每天一次。本品作为自制养肤膏，养肤颜面效果甚佳，经常搽用可使皮肤细腻白润，褐斑消退，展露红润。

13. 蜂花粉养肤膏　榨取胡萝卜汁 20 毫升，与 70 克鲜蜂花粉混合，研细成膏，兑入 5％蜂胶酊 10 毫升，调匀即可。该膏可作雪花膏应用，经常涂抹脸面薄薄一层，揉搓均匀，每天一次；患处可重点搽敷。该种养肤膏，有很好的营养皮肤、清洁皮肤效果，对粉刺、青春痘有良好的消退作用，经常使用可使皮肤健美，富有弹性和光泽。

14. 蜂花粉净面霜　选破壁蜂花粉 10 克，与 5 克芦荟叶汁调匀，配制成膏，备用；用时，先用食醋洗净患处，再用花粉芦荟膏涂敷于患处，同时在面部轻轻抹一层，每天一次。本品适合于面部长粉刺、痤疮者应用，对防治面部粉刺、痤疮有特效，可使较粗糙皮肤营养润白光泽。

15. 蜂花粉姜汁膏　将新鲜蜂花粉 10 克与 5 克姜汁和 10％蜂胶酊 2 毫升混合，研细调匀成膏，备用；用时先洗净脸面，取少许于手心中，搓揉到面部，每天一次。本品可滋养、清洁皮肤，杀菌净面，适用于痤疮、粉刺、雀斑患者，常用可使面色光泽、红润。

16. 蜂花粉发乳　选破壁蜂花粉 3 克与鲜牛奶 5 克和 10％蜂胶酊 1 毫升调匀，备用；洗净头后，将发乳洒在头发上，用手轻轻搓揉片刻，使之在头发及头皮上分布均匀，保持 10 分钟以上，洗净，每 2～3 天一次。本品可养发、护发、生发，经常使用还能防治断发，有助长出新发，使头发乌黑光亮、富有柔性。

八、蜂花粉在其他方面的应用

1. 肉鸡应用 通过试验证明，在饲料中添加蜂花粉后饲喂肉鸡，不仅能使肉鸡的体重明显增加，提高肉鸡的生产性能，同时还能增重肉鸡的免疫器官和增强肉鸡免疫性能。

2. 蛋鸡应用 将蜂花粉添加到蛋鸡饲料中，经试验证明，不仅能提高蛋鸡的产蛋量，改善鸡蛋的品质，还能明显增强蛋鸡的体液免疫力。

3. 种鸡应用 在种鸡饲料中添加一定量的蜂花粉，结果表明，种鸡产蛋率大大提高，种蛋畸形率下降，并且蛋色明显改善，同时种鸡的抵抗力显明提高，病症减少。

4. 奶牛应用 经实验证明，将花粉添加到奶牛饲料中，饲喂奶牛，能显著提高奶牛的产奶量及乳汁的营养价值。经研究发现，花粉能使产后母牛血清中 GOT 活性降低而 AKP 和 GPT 活性升高，同时使奶牛因生产而损伤的机体迅速恢复，卵细胞和乳腺细胞等细胞活力增强，因此可大大提高产奶量。

5. 其他动物应用 在猪、肉牛、马、鱼、虾、貉等的饲料中添加花粉，对其生长发育各方面等有显著效果，且能获得良好的收益。

九、蜂花粉的使用注意与安全性

蜂花粉作为最为天然的保健、美容佳品，含有极为丰富的营养物质，可广泛应用于人体保健、医疗和美容。蜂花粉具有提高人体免疫力的作用，可以有效防止细菌、病毒对人体的侵害；蜂花粉对造血功能有极好的调治作用，对贫血、营养不良、神经衰弱、失眠

健忘、精神不振等症有特效；蜂花粉对前列腺炎、前列腺增生、前列腺肥大等症产生奇特的作用，可以起到标本兼治的效果。食用蜂花粉还可起到抑制癌症、肿瘤的作用，在临床上蜂花粉还用于甲肝、乙肝、病毒性肝炎、黄胆性肝炎、脂肪肝、肝硬化、便秘、糖尿病、尿路感染、肾炎、膀胱炎、感冒、支气管炎、哮喘、肺结核、硅肺病、胃炎、痢疾、便血、冠心病、心悸、眩晕、抑郁症、神经官能症、动脉硬化、脑出血、脑中风、高血脂、高血压、低血压、心肌梗塞、虚弱无力等病症，有极好的治疗或辅助治疗作用。蜂花粉的主要作用，在于其健脑强体和延缓细胞衰老及延长寿命，这一点已得到世人的公认。

（一）蜂花粉的使用注意

1. 不同蜂花粉的特性与作用　鉴于服用蜂花粉的人群与目的，有必要认识和了解各种蜂花粉的特性和作用，以便有针对性选择所需要的品种，为了便于您的选用，今将常见品种的侧重及专长作以介绍。

（1）刺槐花粉　专长健胃和镇静作用。

（2）栗树花粉　专长促进静脉与动脉血液的正常循环，对肝脏和前列腺有良好的作用。

（3）油菜花粉　内服或外敷对静脉曲张性溃疡具有良好的作用。

（4）欧石南花粉　专长尿闭、膀胱炎、前列腺炎，对泌尿系统有良好作用。

（5）蒲公英花粉　是轻泻剂，也是利尿剂，对肾和膀胱有良好作用。

（6）苹果花粉　是滋补品，对心肌有较大补益作用。

（7）椴树花粉　是镇静剂，适用于易怒者和失眠患者。

（8）百里香花粉　专长促进血液循环，能明显提高智力、理解力，兼有镇咳、抗菌作用。

（9）柑橘类花粉　专长强壮身体、健胃的功效，对神经系统有镇静安眠的效果，甚至有驱虫的作用。

（10）荞麦花粉 入脾、入心，专长健脾理血、补血之作用。

（11）当归花粉 专长补血、活血、调经止痛、润肠通便的作用。

（12）三七花粉 入肝、胃，专长止血行痢，消肿止痛。

（13）南瓜花粉 专长调节植物神经，对神经科疾病有独特作用。

（14）枣椰花粉 专长恢复正常生殖机能，防止肌肉萎缩等作用。

（15）虞美人花粉 专长治咳嗽、支气管炎、咽喉炎、百日咳等，有镇定、安神作用。

2. 食用蜂花粉的方法 蜂花粉是一种天然营养保健品，不经加工可以直接入口食用，这样可以防止某些营养成分在加工过程中造成人为损失。新购进的纯净蜂花粉，经过消毒灭菌（家庭可用酒精）后存入冰箱中贮存，平时根据需要按量取用。食用时可直接入口细细咀嚼，或者将蜂花粉与蜂蜜混合搅拌在一起食用，也可将蜂花粉磨细成粉末，用时按量以水冲服，均可收到满意的效果。

食用比较讲究的人，可自制花粉口服液服用，具体方法是：①将干燥的蜂花粉兑入等量的水，保持数小时使其充分浸透成为糊状；②放入低温冰箱（调至 -15℃ 以下）冷冻 2～3 天；③从冰箱取出，立即捣碎，随即用 3 倍的热沸开水冲浸，通过热胀冷缩的作用将之外壳进行破壁，使之营养成分充分释放出来；④静置几个小时，抽取上清液，再将残渣作 2 次处理；⑤取其上清液兑入蜂蜜等，即为花粉的口服液，每天按需要量服用。

（1）食用时间 食用蜂花粉以早、晚空腹时效果较好，空腹食用有利于消化和吸收。

（2）食用量 蜂花粉的服用量应根据服用者的体质状况及服用目的的不同而异。正常情况下，成年人以保健为目的，一般每天可服用 15～20 克，强体力劳动者以增强体质为目的（如运动员）或用作治疗疾病（如前列腺炎等），每天用量可增加到 30 克。3～5

岁儿童每天用量可在 5～8 克，6～10 岁儿童每天用量 8～12 克为宜。由于蜂花粉是最为天然的营养品，酌情适量多用一点对人并无妨碍。

3. 选用蜂花粉应注意的几个问题

（1）过敏问题　极少数过敏体质者食用花粉后有的会产生过敏反应，其原因除其自身过敏体质因素外，个别品种的蜂花粉含有少量的过敏物质（一种蛋白质），可对个别人造成过敏反应，故在对花粉进行加工时，针对个别品种应对其作脱敏处理。不过，绝大部分品种的蜂花粉并不含有过敏物，广大消费者不必过分担心。据统计，仅有十万分之一的服用者对蜂花粉有过敏反应。鉴于此，在食用没经脱敏处理的天然花粉时，尤其是那些过敏体质者初次食用蜂花粉时，可先尝食少量（如 1～2 克），如无大碍时可逐渐增加食用量，做到循序渐进，依次递增，这样可有效防范过敏之苦。

（2）破壁问题　有人认为食用蜂花粉不易被消化，因为成熟的蜂花粉外壁质地坚固，具有耐酸、耐碱和抗生物分解的特性，人的消化液无法破坏这层"盔甲"，不能完全吸收利用花粉中丰富的营养物质，一部分营养物质随粪便排出，所以开发利用蜂花粉应对其进行破壁处理。破壁的方法主要有发酵破壁法、温差破壁法和机械破壁法。另一种观点认为，花粉壁固然坚固，但每一蜂花粉粒均具有萌发器官，食用后其营养成分完全可以从萌发孔释放出来，不会妨碍人们对花粉营养物质的吸收，破壁或不破壁并无多大作用，对吸收利用并无多大的影响。

权威结论证实，蜂花粉是否需要破壁应根据不同使用目的及加工产品的需要而定，如加工化妆品等外敷产品，还是以破壁花粉为好，使其所含营养成分充分地提取出来，便于皮肤吸收。此外，婴幼儿花粉食品使用破壁蜂花粉效果也较好。而成人食用或加工成人食品，就不一定进行破壁，这不但能减少加工环节，而且有未破壁花粉的花粉壁保护，营养成分不易氧化和破坏，可延长产品存放期及提高使用效果。由此可以判断，消化能力正常的成年人及青少年完全可以直接食用天然蜂花粉，不必过多考虑破壁问题。

（3）灭菌问题　蜂花粉在采收前的花朵上时常有虫媒采访，从而遗留下一些虫卵，加之在收集、干燥及贮存过程中也易遭受细菌感染，故对蜂花粉进行灭菌处理是很有必要的。蜂花粉灭菌方法比较多，主要有乙醇灭菌法、微波炉灭菌法、远红外线灭菌法、钴60辐照法、蜂胶溶液喷洒法、冷冻法、化学试剂法等。平时应用比较多的方法主要有以下几种，现作简要介绍。

①乙醇灭菌法：乙醇灭菌法就是用70%～80%的乙醇喷洒或浸泡蜂花粉，达到均匀即可，该方法简单，有一定的效果。乙醇灭菌的用量和浓度与灭菌效果有直接关系，应根据蜂花粉含水量来确定使用乙醇的浓度，蜂花粉的含水量越高，使用乙醇浓度越高。蜂花粉与75%乙醇以20克/毫升的比例，对细菌灭菌效果较好；蜂花粉与85%乙醇以10克/毫升的比例，对霉菌灭菌效果较好。

②微波炉灭菌法：用微波炉处理蜂花粉，其灭菌原理除热效应作用外，光化学效应、电子共挽效应和磁力共挽效应均对细菌有着创伤和灭杀作用，从而达到彻底灭菌的目的，同时可达到干燥的目的，且对蜂花粉有效成分的破坏也很少，具有清洁、安全、迅速、灭菌等优点。操作方法可参照微波炉使用说明，每次投料不可过多，以500克左右为宜，以低频1～1.5分钟为好，反复2次。

③冷冻法：新鲜蜂花粉在-18℃的低温下冷冻1～3天，可杀死蜡螟虫及其他寄生虫。

（二）蜂花粉的安全性

1. 蜂花粉的毒性　蜂花粉的应用已有悠久的历史，然而在食用过程中均未见有毒副作用。对小鼠饲喂蜂花粉，未能检测到LD_{50}，用最大剂量饲喂小鼠也未见有毒性反应。对小鼠每天大剂量饲喂蜂花粉，剂量达20克/千克，连续饲喂5个月后，检测其体重、血常规、谷氨酸-草酰乙酸转氨酶（GOT）、谷氨酸-丙酮酸转氨酶（GPT）及心电图等各项指标，与对照组相比均属于正常范围，没见任何异常。经解剖检查，其心、肝、脾、肺及肾上腺等脏器称重都正常，各重要器官没有任何病理变化。另外，对家兔、狗

的实验，同样证明其生长、发育及各种活动均正常，解剖学检查也无异常。由此证明，蜂花粉无毒副作用，食用蜂花粉是安全的。

中医介绍，蜂花粉性温，服用过多对有的人会引起上火，还可能引起腹胀，所以食用蜂花粉要适量，以免引起不适。

2. 蜂花粉污染　花粉在蜜蜂采集，以及加工、晾晒、贮藏过程中，可能会导致蜂花粉被重金属、农药、霉菌等的污染，造成蜂花粉潜在的食品安全隐患。因此，在选购过程中，一定要选择色泽鲜艳、无异味、无牙碜、无霉迹、颗粒整齐的蜂花粉。

3. 蜂花粉过敏　人们通常说的花粉过敏，多数是风媒花粉通过呼吸道引起过敏的，而蜂花粉大多是虫媒花粉，经过蜜蜂的采集、加工制成，再经过加工、贮藏过程以后，过敏的人一般服用蜂花粉并没有过敏症状发生。花粉过敏是一种异常的病理性体液免疫反应，通常症状表现为发作性喷嚏，流鼻涕，鼻、眼、耳、咽及上颌发痒，出现哮喘、皮炎、荨麻疹等。服用蜂花粉的过敏症状多表现为腹痛、皮疹、尿糖升高等，一般不用治疗，适应或停服后过敏症状很快会消失。

4. 有毒花粉　个别植物的花粉对人体是有毒的，如雷公藤、藜芦、珍珠花的花粉，但这几种植物极其稀少，蜜蜂很难采集到，更难形成商品蜂花粉，商家和消费者不必担心忧虑。

参考文献

宋心仿.2001.蜂产品保健与美容［M］.北京：中国农业出版社.

宋心仿，闫继耀，邵有全.2000.蜜蜂产品的应用与检测加工技术［M］.北京：中国农业出版社.

宋心仿.2000.蜂产品知识问答［M］.北京：中国农业出版社.

中国农业科学院蜜蜂研究所，中国养蜂学会主办.2006—2011.中国蜂业.

中国蜂产品协会主办.2005—2011.中国蜂产品报.

云南省农业科学院主办.2006—2011.蜜蜂杂志.

图书在版编目（CIP）数据

保健美容珍品——蜂产品/宋心仿编著．北京：
中国农业出版社，2012.6

ISBN 978- 7-109-16897-8

Ⅰ.①保…　Ⅱ.①宋…　Ⅲ.①蜂产品-基本知识
Ⅳ.①S896

中国版本图书馆 CIP 数据核字（2012）第 127616 号

中国农业出版社出版
（北京市朝阳区农展馆北路 2 号）
（邮政编码 100125）
责任编辑　张玲玲

北京中兴印刷有限公司印刷　新华书店北京发行所发行
2012 年 9 月第 1 版　2012 年 9 月北京第 1 次印刷

开本：880mm×1230mm 1/32　印张：5.5　插页：1
字数：142 千字　印数：1～6 000 册
定价：16.00 元
（凡本版图书出现印刷、装订错误，请向出版社发行部调换）